中望CAD及三维建模实用教程

主编 张 航 郭 馨 段玉岗 邱志惠

西安交通大学出版社
XI'AN JIAOTONG UNIVERSITY PRESS

图书在版编目(CIP)数据

中望CAD及三维建模实用教程 / 张航等主编. --西安：西
安交通大学出版社,2024.10
ISBN 978 - 7 - 5693 - 3747 - 1

Ⅰ.①中… Ⅱ.①张… Ⅲ.①机械制图—AutoCAD 软
件—教材 Ⅳ.①TH126

中国国家版本馆 CIP 数据核字(2024)第 085772 号

书 名	中望CAD及三维建模实用教程
	ZHONGWANG CAD JI SANWEI JIANMO SHIYONG JIAOCHENG
主 编	张 航 郭 馨 段玉岗 邱志惠
策划编辑	李 佳
责任编辑	李 佳
责任校对	王 娜
出版发行	西安交通大学出版社
	(西安市兴庆南路1号 邮政编码 710048)
网 址	http://www.xjtupress.com
电 话	(029)82668357 82667874(发行中心)
	(029)82668315(总编办)
传 真	(029)82668280
印 刷	中煤地西安地图制印有限公司
开 本	787 mm×1090 mm 1/16 印张18.625 字数 406 千字
版次印次	2024 年 10 月第 1 版 2024 年 10 月第 1 次印刷
书 号	ISBN 978 - 7 - 5693 - 3747 - 1
定 价	49.80 元

如发现印装质量问题,请与本社市场营销中心联系。
订购热线:(029)82667874
投稿热线:(029)82668818
读者信箱:19773706@qq.com

前　言

机械制图是将机械设计思想和技术方案转化为图纸语言的过程，是机械产品设计、制造、装配和维修的重要依据。随着科学技术的发展，机械制图技术也在不断发展和进步。计算机辅助设计(computer aided design, CAD)技术的应用，使机械制图更加高效和准确。

本书是面向机械工程或相关专业人员学习中望 CAD 及三维建模的实用教程。中望 CAD 是一款国产自主知识产权 CAD 软件，已在国家版权局正式登记注册。本书以国家标准为依据，结合最新的 CAD 技术，系统介绍了中望 CAD 基本操作和三维建模操作，并附有多种案例。本书内容丰富，图文并茂，注重理论与实践相结合，并配有习题和案例，便于读者学习和理解。

本书共分 15 章。第 1 章绪论介绍中望 CAD 基本情况、基本操作和常用功能。第 2 到 9 章细节介绍了 CAD 制图的各种命令、作图步骤和要求。第 10 到 13 章介绍三维建模的相关操作与应用。第 14 和 15 章介绍了机械零件和家具用品造型案例和习题。

本书内容全面系统，涵盖 CAD 及三维制图的基本知识和技能，采用最新的 CAD 技术，使制图过程更加高效和准确。使用本书建议认真阅读每一章的内容，完成对应习题和案例。本书可作为高等院校机械工程专业本科生和专科生的三维造型软件教材，也可作为工程技术人员的操作参考书。

本书在撰写过程得到了西安交通大学邱志惠教授指导和帮助，部分内容由蔡江龙博士、孙啸宇博士、许学博硕士等协助完成，在此表示衷心的感谢。

希望本书能够帮助读者更好地学习和掌握 CAD 制图知识和软件操作技能。由于作者水平有限，书中难免存在不足或疏漏之处，恳请广大读者批评指正。

张　航

2024 年 4 月

目　录

第1章

绪　论

1.1　概述

如今,计算机绘图技术是每个工程设计人员不可缺少的应用技术手段。随着现代科学及生产技术的发展,对绘图的精度和速度都提出了较高要求,加上所绘图样越来越复杂,使得手工制图在绘图精度、绘图速度上都显得相形见绌。而计算机、绘图机以及数控加工技术的相继问世,配合相关软件技术的发展,恰好适应了这些要求。计算机绘图的应用使现代绘图技术水平达到了一个前所未有的高度。

与传统的手工绘图相比,计算机绘图主要有如下一些优点:

(1)高速的数据处理能力,极大提高了绘图的精度及速度;

(2)强大的图形处理能力,能够很好地完成设计与制造过程中二维及三维图形的处理,并能任意控制图形显示,平移、旋转和复制图样;

(3)良好的文字处理能力,能添加各类文字,特别是能直接输入汉字;

(4)快捷的尺寸自动测量标注和自动导航、捕捉等功能;

(5)具有实体造型、曲面造型、几何造型等功能,可实现渲染、真实感、虚拟现实等效果。

(6)友好的用户界面、方便的人机交互系统,准确自动的全作图过程记录;

(7)有效的数据管理、查询及系统标准化,同时还具有很强的二次开发能力和接口;

(8)先进的网络技术,包括在局域网、企业内联网和互联网上传输共享等;

(9)与计算机辅助设计相结合,使设计周期更短、速度更快、方案更完美;

(10)在计算机上模拟装配,进行尺寸校验,避免经济损失,而且还可以预览效果。

中望 CAD 是广州中望龙腾软件有限公司自主研发的 CAD 软件,其功能与 AutoCAD 几乎一样,但是价格却比较便宜,可以替代价格昂贵的 AutoCAD。中望 CAD 是一个具有自主知识产权的 CAD 软件,在国家版权局正式登记注册,它能够以很低的成本实现设计单位的正版化。考虑到目前设计师都已经习惯了 AutoCAD,所以中望 CAD 高度兼容 Auto-CAD,包括界面、命令,甚至快捷键都与 AutoCAD 比较类似,设计师无须重新学习,极大程度上减少转换成本。

中望 CAD 具有操作简单、易学等特点,深受广大工程设计人员的欢迎。本书将以中望机械 CAD 教育版 2022(包含中望 CAD 大部分功能,以下简称中望 CAD)为例着重讲解相对于以前的版本,它提升了便捷性,提供了新的效率工具,增强了性能且提高了与现有 CAD 数据的兼容性。

1.2 计算机绘图系统的构成

1.2.1 硬件

计算机绘图系统的硬件由输入部分、中心处理部分、输出部分三大部分构成。如图 1-1 所示是计算机绘图系统主要部分的构成图。

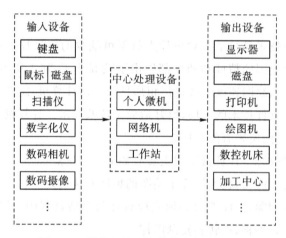

图 1-1 计算机绘图系统主要部分的构成

计算机绘图系统的主要硬件设备包括计算机(主机、显示器、键盘和鼠标)、绘图机或打印机。计算机是整个系统的核心,其余统称为外围设备。绘图机按纸张的放置形式可分为平板式、滚筒式两种;按"笔"的形式可分为笔式、喷墨式、静电光栅式等多种。激光打印机应用广泛,出图效果很好,在所绘图样不是很大的情况下,可以作为首选方案。

1.2.2 软件

1. 计算机绘图系统软件的基本构成

(1) 操作系统,即控制计算机工作的最基本的系统软件,如 DOS、Windows 等。

(2)高级语言,即我们统称的算法语言。如 C、Basic、Fortran 等。

(3)通用软件,即可以服务于大众或某个行业的应用软件,如 Microsoft Word 是通用的文字处理软件,中望 CAD 是通用的绘图软件等。

(4)专用软件,即用高级语言编写的或在通用软件基础上制作的专门用于某一行业或某一具体工作的应用软件,如专用的机械设计软件或装潢设计软件等。

计算机绘图的专用软件很多,常与计算机辅助设计结合在一起。这些专用的绘图软件是在通用绘图软件的基础上,经过再次开发形成的适合各个专业使用的软件,它们使用方便、操作简单。如在中望 CAD 中,已将螺栓、轴承等标准件及齿轮等常用零件制作成图库,还将《机械设计手册》编入软件中,供机械设计人员随时调用,深受机械设计人员的欢迎。

2. 软件的分类

目前,计算机绘图的方法及软件种类很多。按人机关系主要分为以下两种:

(1)非交互式软件:如 C 语言等编程绘图软件(被动式),用户使用该软件时需要一定的基础知识,一般的绘图应用人员较少采用。

(2)交互式软件:通用绘图软件多为交互式,如中望 CAD,用户可按交互对话方式指挥计算机。这种软件简单易学,不需要太多的其他基础知识。目前,计算机绘图的通用软件很多,使用方式大同小异,这里仅以目前应用广泛的中望 CAD 通用绘图软件为例,列举几个简单例子,如图 1-2 和图 1-3 所示。中望 CAD 的交互方式是在提示行处于命令状态时,用户输入一个命令,计算机即提示输入坐标点等,例如:

①画一段线。

计算机提示	用户输入
命令:_line（画线）指定第一点:	0,0（绝对坐标点）
指定下一点或[角度(A)/	
长度(L)/放弃(U)]:	@15,15（相对坐标）
指定下一点或[角度(A)/	
长度(L)/放弃(U)]:	@10,0（相对坐标）
指定下一点或[角度(A)/	
长度(L)/放弃(U)]:	A（进入角度设置）
指定角度:	—45°（确定角度大小）
指定长度:	15（确定长度）
指定下一点或[角度(A)/	
长度(L)/放弃(U)]:	↵或空格或 ESC（结束）

②画一个圆。

命令:	_circle （画圆）
指定圆的圆心或[三点(3P)/	
两点(2P)/相切、相切、半径(T)]:	5,3（圆心 5,3）
指定圆的半径或 [直径(D)]:	10 ↵ （半径 10）

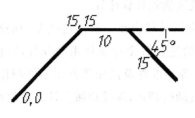

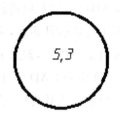

图 1-2　中望 CAD 绘图例 1　　　　　　　图 1-3　中望 CAD 绘画例 2

　　另外,如果按图形的效果分类,计算机绘图软件的种类还可以分为线框图(如中望 CAD 中由点、线等图素构成的矢量图形)和浓淡图(如 PhotoShop 等软件中由点阵构成的图片)。

1.3　中望 CAD 绘图系统的主界面

　　中望 CAD 提供了"二维草图与注释"(见图 1-4)和"中望 CAD 经典"(见图 1-5)两种工作空间模式。用户可在两种工作空间模式中切换。点击界面右下角的"设置工作空间" ⚙ 选择要选用的工作空间即可。本书以"中望 CAD 经典"空间进行叙述。

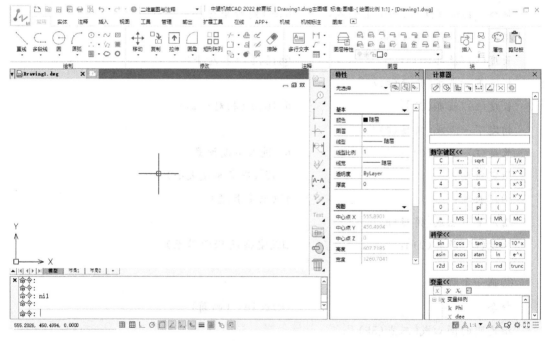

图 1-4　"二维草图与注释"的主界面

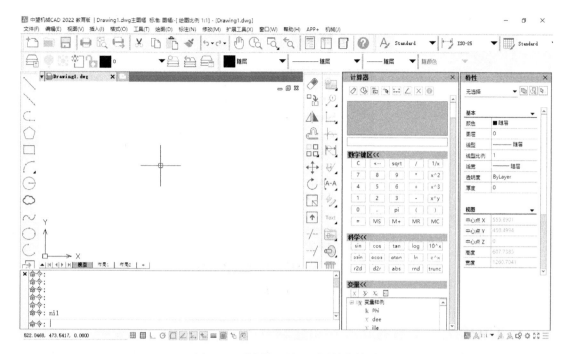

图 1-5　"中望 CAD 经典"的主界面

中望 CAD 的工作界面主要由标题栏、下拉菜单栏、工具栏、命令行、状态栏、绘图区等组成。

1. 标题栏

标题栏位于界面的左上角,标题栏的左侧显示三部分内容:①中望 CAD 教育版的图标;②当前打开的图形文件名称;③绘图比例。绘图比例可以在界面右下角 ⚙1:1▼ 进行设置。

用鼠标左键单击要操作对象的图标,或者在标题栏空白区域单击鼠标右键,会弹出 CAD 窗口控制菜单,可以对中望 CAD 的窗口进行还原、移动、最小化、最大化、关闭等操作。也可以用标题栏最右侧的三个按钮 —(最小化)、🗗(最大化)、✕(关闭)来执行窗口操作。

2. 选项栏

在中望 CAD 的主界面中,位于标题栏下方的一行是选项栏,如图 1-6 所示。选项栏包括文件(F)、编辑(E)、视图(V)等 14 个选项,每一项下都有下拉菜单,用鼠标点击选项,即展出相应的下拉菜单,如图 1-7 所示。

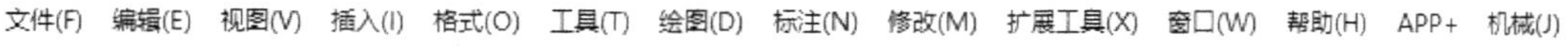

文件(F)　编辑(E)　视图(V)　插入(I)　格式(O)　工具(T)　绘图(D)　标注(N)　修改(M)　扩展工具(X)　窗口(W)　帮助(H)　APP+　机械(J)

图 1-6　选项栏

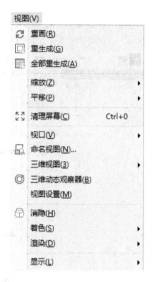

图 1-7 视图下拉菜单

3. 工具栏

中望 CAD 提供了几十种工具项,工具栏中一个图标代表一个命令。鼠标移动到某图标上稍作停留,会显示当前图标代表的命令,鼠标左键单击该图标按钮即可启动该命令。在工具栏空白处点击鼠标右键,在弹出的中望 CAD 二级菜单中,可以找到我们需要用的 CAD 工具栏,选中即可显示,如图 1-8 所示。用户也可以用鼠标左键长按工具栏将其移动到其他位置。

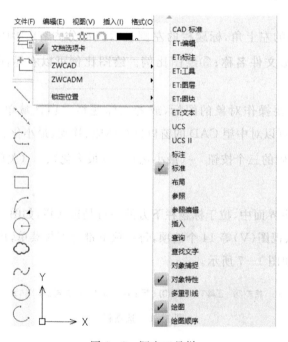

图 1-8 调出工具栏

4. 绘图区

屏幕的中间部分是绘图区,绘图区也称为视图窗口,是绘图的工作区域。绘图区没有边界,可以通过滚动鼠标滚轮进行放大和缩小,按住鼠标滚轮可以进行平移操作。在中望CAD 的系统配置中,用户可根据喜好选择绘图区的背景色,具体操作为:工具下拉菜单→选项→显示→颜色→统一背景。

5. 命令行

命令行位于绘图区域的下方,是我们与 CAD 之间的对话窗口。我们可以在命令行中输入各种命令,命令行会提供相应的信息提示,在绘图过程中需要密切关注命令行的提示信息,才能保证各类命令的正确使用。默认状态下命令行显示四行文字,将鼠标放到命令行顶部,显示上下箭头的时候,按住鼠标左键进行上下拖动可以调整命令行的行数。按 F2 功能键可全屏显示命令文本窗口,展示作图过程,如图 1 - 9 所示。再按 F2 功能键,可恢复图形窗口。

图 1 - 9　命令文本窗口

6. 状态栏

状态栏位于屏幕最下方,如图 1 - 10 所示。最左侧显示的信息为当前光标的坐标位置(X,Y,Z 方向的绝对坐标值)。中间部分为各类状态图标按钮,鼠标悬停在任意图标可显示对应图标的名称及快捷键,包括捕捉模式(F9)、栅格显示(F7)、正交模式(F8)、极轴追踪(F10)、对象捕捉(F3)、对象捕捉追踪(F11)、动态 UCS、动态输入(F12)、显示/隐藏线宽、显示/隐藏透明度、选择循环、模型或图纸空间等。点击鼠标即可控制这些功能的打开及关闭。

鼠标右键点击图标,可以对该功能项进行设置,同时也可以在图标显示和文字显示之间进行切换。状态栏最右侧可进行注释比例、设置工作空间等操作。

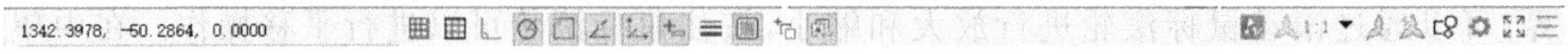

图 1-10 状态栏

1.4 中望 CAD 绘图系统的命令输入方式

1. 图形菜单(工具栏)

在中望 CAD 中,系统默认状态下有七个打开的图形菜单:标准工具栏、对象特性工具栏、绘图工具栏、绘图顺序工具栏、图层工具栏、修改工具栏、样式工具栏。此外,用户还可根据需要打开其他的工具栏。每个工具栏中有一组图形,只要用鼠标左键单击即可启用该图标对应的命令。图形工具栏与对应的下拉菜单不完全相同,具体内容将在后面各章分别介绍。

2. 键入命令

所有命令均可通过键盘键入,而无论是图形工具栏还是下拉菜单,都不包含所有命令。特别是一些系统变量,必须键入。

3. 重复命令

使用完一个命令后,如果要连续重复使用该命令,按回车键(或空格键),或在屏幕菜单中选取即可。可以在系统配置中关闭屏幕菜单以提高绘图速度。

4. 快捷键

快捷键常用来代替一些常用命令的操作,只要键入命令的第一个字母或前两三个字母即可。常用绘图命令的快捷键见表 1-1(字母大小写均可)。

5. 下拉菜单

用鼠标点击下拉菜单栏,每个主菜单项都对应一个下拉菜单。下拉菜单中包含了一些常用命令,用鼠标选取命令即可。表 1-2 中列出了中望 CAD 教育版 2022 下拉菜单的中文命令。下拉菜单中凡命令后有"…"的,即有下一级对话框;凡命令后有"▶"的,即沿箭头所指方向有下一级菜单。

注意:本书使用命令一般以下拉菜单及图形菜单为主,表示命令输入的方式如下,例如用三点法画一个圆:绘图(D)→ 圆(C)→三点圆(3P),即主菜单→下拉菜单→下一级菜单。

实际上,中望 CAD 提供的工具栏、命令窗口和下拉菜单在功能上都是一致的,实际操作中用户可根据自己的习惯选择。

表1-1 常用绘图命令的快捷键

快捷键	命令	快捷键	命令
A	ARC （圆弧）	M	MOVE （移动）
AL	ALIGN （对齐）	MA	MATCHPROP （特性匹配）
AR	ARRAY （阵列）	MI	MIRROR （镜像）
ATT	ATTDEF(定义属性块)	ML	MLINE （多线）
B	BLOCK （块）	PL	PLINE （多段线）
BO	BOUNDARY(边界)	O	OFFSET （偏移）
BR	BREAK （断开）	P	PAN （平移）
C	CIRCLE （圆）	PO	POINT （点）
CH	PROPERTIES(修改属性)	POL	POLYGON （多边形）
CHA	CHAMFER (倒角)	R	REDRAW （重画）
CP(CO)	COPY （复制）	RAY	RAY(射线)
DO	DONUT （圆环）	RE	REGEN （刷新）
DT	TEXT （单行文字）	REA	REGENALL (全部重生成)
E	ERASE （删除）	REC	RECTANG （矩形）
EL	ELLIPSE (椭圆)	REG	REGION （面域）
EX	EXTEND （延长）	RO	ROTATE （旋转）
F	FILLET （圆角）	S	STRETCH （拉伸）
G	GROUP （项目组）	SC	SCALE （比例）
H	HATCH （剖面线）	SPL	SPLINE （样条曲线）
HE	HATCHEDIT(编辑填充图案)	ST	STYLE （文字样式）
I	INSERT （插入）	T	MTEXT （多行文字）
L	LINE （线）	TR	TRIM （修剪）
LE	QLEADER(快速引线)	U	UNDO （取消）
LEN	LENGTHEN(拉长)	W	WBLOCK （块存盘）
LA	LAYER （层）	X	EXPLODE （分解）
LT	LINETYPE （线型）	Z	ZOOM （缩放）

表1-2 中望 CAD 下拉菜单列表

文件	编辑	视图	插入	格式	工具	绘图	标注	修改	扩展工具	窗口	帮助	APP＋	机械
新建	放弃	重画	块	图层	手势精灵	直线	快速标注	特性	图层工具	关闭	帮助	土建结构	图纸
打开	重做	重生成	DWG参照	颜色	智能语音	射线	线性	特性匹配	图块工具	全部关闭	授权管理	勘察规划	序号/明表
关闭	恢复删除对象	全部重生成	DWF参考底图	线型	CAD标准	构造线	对齐	对象	文本工具	锁定位置	检查更新	协同管理	尺寸标注
输入	剪切	缩放	PDF参考底图	线宽	拼写检查	多线	弧长	剪裁	标注工具	层叠	更新设置	能源电力	符号标注
保存	复制	平移	光栅图像	透明度	快速选择	多段线	坐标	外部参照和块编辑	选择工具	水平平铺	中望网站	机械制造	创建视图
另存为	带基点复制	清理屏幕	字段	文字样式	绘图次序	三维多段线	半径	注释性比例	编辑工具	垂直平铺	ZWCAD技术社区	其他	文字处理
电子传递	粘贴	视口	布局	标注样式	隔离	正多边形	折弯	删除	绘图工具	排列图标		3D CAD/CAM	绘图工具
	粘贴为块	命名视图	ACIS文件	表格样式	查询		直径	复制	文件工具				构造工具
发送	粘贴到原坐标	三维视图	Windows图元文件	多重引线样式	更新字段	矩形	角度	镜像	定制工具				辅助工具
输出	选择性粘贴	三维动态观察器	OLE对象	打印样式	块编辑器	螺旋	基线	偏移	其他				PartBuilder
在ZW3D中打开	清除	视图设置	外部参照	点样式	属性提取	圆弧	连续	阵列					机械设计
页面设置管理器	全部选择	消隐	图像管理器	多线样式	数据提取	圆	标注间距	移动					报表工具
绘图仪管理器	查找	着色	超链接	单位	数据更新	圆环	标注打断	旋转					超级符号库
打印样式管理器	简繁体互转	渲染	DGN输入	厚度	数据链接	样条曲线	引线	缩放					系统维护工具
打印预览		显示	PDF输入	图形界限	手绘表格导出	椭圆	多重引线	拉伸					机械工具条
打印			IFC输入	重命名	对象特性管理器	块	公差	拉长					帮助
批量打印						表格	圆心标记	修剪					

续表

文件	编辑	视图	插入	格式	工具	绘图	标注	修改	扩展工具	窗口	帮助	APP+	机械
智能批量打印					设计中心	点	检验	延伸					
自动排版打印					工具选项板窗口	图案填充	折弯线性	打断					
发布					命令行	边界	倾斜	合并					
绘图实用程序					动态输入	面域	对齐文字	倒角					
图形特性					快速计算器	区域覆盖	标注样式	圆角					
绘图历史					外部参照	修订云线	替代	三维操作					
退出					加载应用程序	文字	更新	实体编辑					
					运行脚本	曲面	重新关联标注	更改空间					
					Visual LIP编辑器	实体		分解					
					生成幻灯片								
					观看幻灯片								
					宏								
					命名 UCS								
					正交 UCS								
					移动 UCS								
					新建 UCS								
					菜单								
					自定义								
					草图设置								
					选项								

1.5 自定义图形工具条

中望 CAD 提供自定义图形工具栏功能,用户可按自己绘图的习惯,自行定义一些常用的图形工具条及常用的弹出图形工具条,这样既使用方便,又不会打开许多图形工具条占用绘图区。

在主菜单中选择"工具"中的"自定义工具"项,打开自定义用户界面如图 1-11 所示。在"工具栏"处单击右键,选择"新建工具栏",此时可在工具栏的最下方看到待输入名称的新工具栏,输入名称后在"命令列表"中将用户需要的命令拖入新建的工具栏,设置完毕后单击"确定",即可看到绘图区中新生成的工具条如图 1-12 所示,用户可根据自己的需要将其拖到适当位置。用户还可在"自定义设置"中"工具栏"的各个工具条中拖动图标,更改各图标在工具条中的位置。

图 1-11　自定义用户界面

图 1-12　用户自建工具条

1.6 中望 CAD 绘图系统中的坐标输入方式

中望 CAD 在绘图中使用笛儿尔世界通用坐标系统来确定点的位置,并允许运用两种坐标系统:世界通用坐标系统和用户自定义的用户坐标系统。用户坐标系统将在三维部分介绍。

工程制图要求精确作图,因此必须输入准确的坐标点。坐标点的输入方式有以下四种。

1. 绝对坐标

输入一个点的绝对坐标的格式为 (X,Y,Z),即输入其 X、Y、Z 三个方向的值,每个值中间用逗号分开,注意最后一个值后面无符号。系统默认状态下,在绘图区的左下角有一个坐标系统图标,在二维图形中,可省略 Z 坐标。

2. 相对坐标

输入一个点的相对坐标的格式为 $(@\Delta X, \Delta Y, \Delta Z)$,即输入其 X、Y、Z 三个方向相对前一点坐标的增量,在前面加符号@,中间用逗号分开。相对的增量可正、可负或为零。在二维图形中,可省略 ΔZ。

3. 极坐标

输入一个点的极坐标的格式为 $(@R\langle\theta\langle\varphi)$,$R$ 为线长,θ 为相对 X 轴的角度,φ 为相对 XY 平面的角度,在二维图形中,可省略 φ。

4. 长度与方向

打开正交或极轴,用鼠标确定方向,输入一个长度即可,格式为 (R),R 为线长。

1.7 中望 CAD 绘图系统中选取图元的方式

在中望 CAD 中,所有的编辑及修改命令均要选择已绘制好的图元,其常用的选择方式有以下几种。

1. 点选

当需要选取图元时(select objects),鼠标变成一个小方块,用鼠标直接点取目标图元,图元变虚则表示选中。

2. 框选

当需要选取图元时,用鼠标在目标图元外部对角上点两下,从左上到右下,会打开一个蓝色窗口,将所需选取的多个图元全部放在框中即可选中。

3. 叉选

与框选类似,用鼠标在目标图元外部对角上点两下,不过叉选需要鼠标从右下到左上点击两个点,使窗口为绿色,将所需选取的图元部分放在框中即可选中。

4．最近

输入"SELECT"命令后键入"L"(Last)，表示所选取的是最近一次绘制的图元。

5．多边形选

输入"SELECT"命令后键入"Cp"，用鼠标点多边形，选取多边形窗口内的图素。

6．全选

输入"SELECT"命令后键入"All"，表示所需选取的是全部图元（冻结层除外）。

其余选择方式应用较少，此处不再赘述。

1.8　中望 CAD 绘图系统中功能键的作用

中望 CAD 教育版 2022 功能键的作用见表 1-3，熟练使用功能键可以提高绘图速度。

表 1-3　功能键的作用

功能键	作用
ESC	取消所有操作
F1	打开帮助系统
F2	图、文视窗切换开关
F3	对象捕捉开关
F4	控制数字化仪开关
F5	控制等轴测平面方位
F6	控制动态坐标显示开关
F7	控制栅格开关
F8	控制正交开关
F9	控制栅格捕捉开关
F10	控制极轴开关
F11	控制对象捕捉追踪开关
F12	控制动态输入开关

1.9　中望 CAD 绘图系统中部分常用功能设置

中望 CAD 中有许多配置功能，此处仅介绍部分常用功能。在下拉菜单栏工具选项中，选择下拉菜单中的最后一个菜单项，或在绘图区的任意地方单击右键选择倒数第二个菜单项，打开选项对话框。

注意：初学者不宜随意进行系统配置。若配置不当，在使用中将会造成不必要的麻烦。

1．打开和保存

打开选项中的打开和保存，对话框如图 1-13 所示。此选项主要设置文件保存的格式，建议保存为较低版本的格式,避免文件在传输过程中出现由于版本过低而打不开的情况。另外该选项还可以设置自动保存的间隔时间等安全措施。

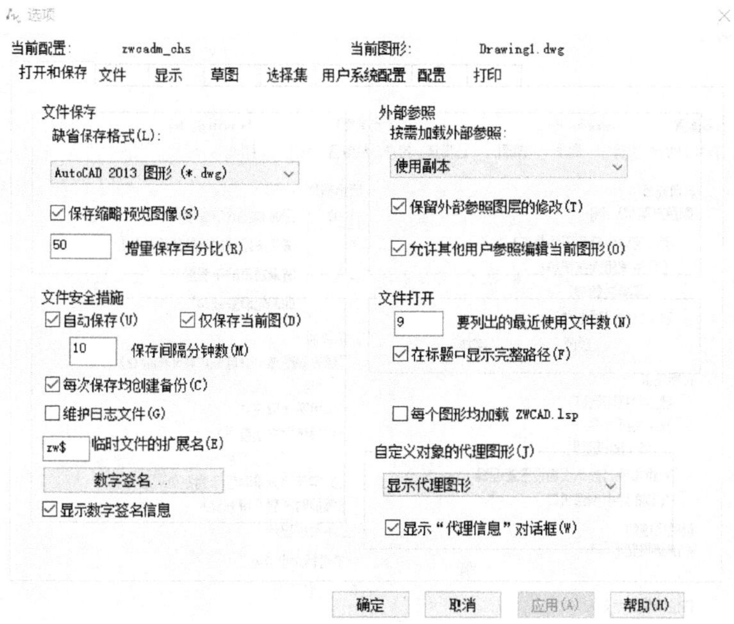

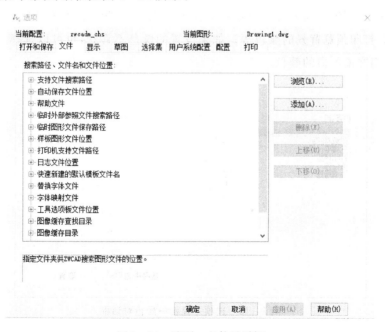

图 1-13 选项→打开和保存对话框

2. 文件

文件选项用于指定文件夹,供中望 CAD 搜索不在当前文件夹中的文字、菜单、模块、图形、线型和图案等,其对话框如图 1-14 所示。

图 1-14 选项→文件对话框

3. 显示

打开选项中的显示对话框,如图 1-15 所示。此选项可以设置绘图区底色、字体、圆及立体的平滑度等。

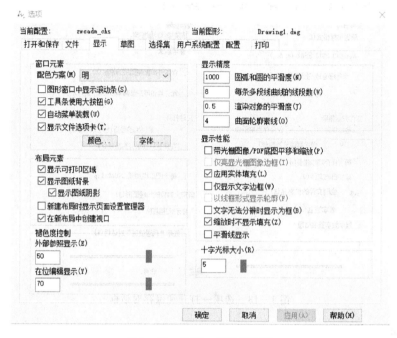

图 1-15　选项→显示对话框

(1)点击"颜色…"按钮,显示对话框如图 1-16 所示。在这里我们可以设置模型空间的背景和光标颜色,图纸空间的背景和光标颜色,命令显示区的背景和文字颜色以及自动追踪矢量的颜色和打印预览背景的颜色等。如果设置的颜色不喜欢,也可以选择重置按钮恢复默认设置,使用之前习惯的颜色。

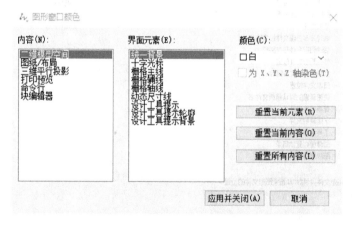

图 1-16　选项→显示→颜色对话框

（2）点击"字体…"按钮，显示对话框如图 1－17 所示，可以设置命令行窗口的文字型式。

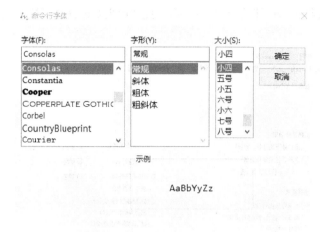

图 1－17 选项→显示→字体对话框

（3）取消钩选"新布局中创建视口"，则在布局中不创建视口。

（4）取消钩选"应用实体填充前"，则不填充用环、多段线命令绘制的图线。

（5）拖动游标，可以调整十字光标的大小。

4. 草图

打开选项中的草图，对话框如图 1－18 所示，此选项可以设置捕捉标记的颜色、大小及靶框的大小等。

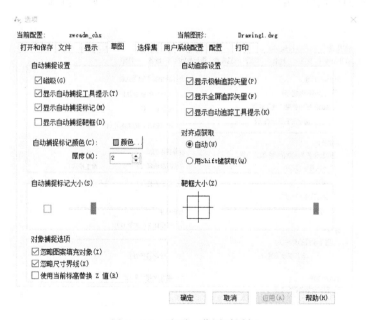

图 1－18 选项→草图对话框

5. 选择集

打开选项中的选择集，对话框如图1-19所示，此选项主要设置绘制新图夹点的颜色、大小等。

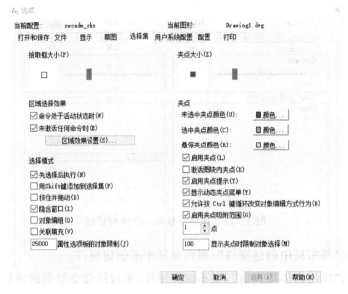

图 1-19　选项→选择集对话框

6. 用户系统配置

打开选项中的用户系统配置，对话框如图1-20所示。将"绘图区域中使用快捷菜单(M)"前面的勾点掉，即不使用快捷菜单，可以加快重复命令的使用。其他配置可以根据个人习惯设置。

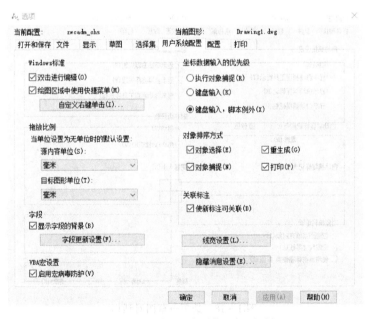

图 1-20　选项→用户系统配置对话框

7. 配置

打开选项中的用户配置,对话框如图 1 - 21 所示,此选项主要设置绘制新图时的配置。

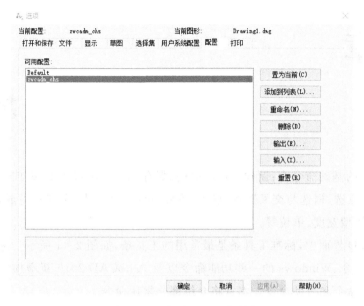

图 1 - 21 选项→配置对话框

8. 打印

打开选项中的打印,对话框如图 1 - 22 所示。

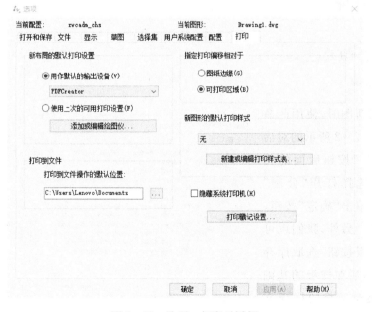

图 1 - 22 选项→打印对话框

第 2 章

基础命令

中望 CAD 的基础命令有：新建、打开、关闭、保存、另存、图形界限、缩放、平移、命令的输入方式、图源的点选、框选与交叉选择、撤销、重做、重画、重生成、全部重生成、图层、颜色、线型、线型比例、线型宽度、单位等。

在中望 CAD 界面中，标准工具条是最常用的工具条，如图 2-1 所示。标准工具条中包含常用的文件命令、Windows 的一些功能命令以及 AutoCAD 2010 新增加的工具选项功能命令、视窗控制命令和帮助命令。本章将介绍部分常用命令。

图 2-1　标准工具条

2.1　新建文件

操作：文件→新建 。

命令：_qnew

每次绘制新图时，使用此命令，便出现如图 2-2 所示的对话框。点击"打开"按钮后面的三角箭头，可以选择打开"公制"(Meter)，然后单击"确定"按钮，即可绘制新图。另外，我们也可以点取使用样板按钮，选取库存的样板图样，然后在样板的基础上绘图。如果对选择的样板文件不了解，可以选择 zwcadiso 文件。

图 2-2　绘制新图对话框

由于库存的标准样板图与我国现行的绘图标准不完全相符,用户应学会修改或自制符合我国制图标准的样板图,并可将一些常用的图块、尺寸变量等设置在样板图中以提高绘图效率。本书将在第 9 章详细介绍制作机械图的样板制作步骤。

2.2 打开文件

操作:文件→打开 。

命令:_open

该命令用于打开已存储的图。如图 2-3 所示为打开中望 CAD 库存例图中的图例。

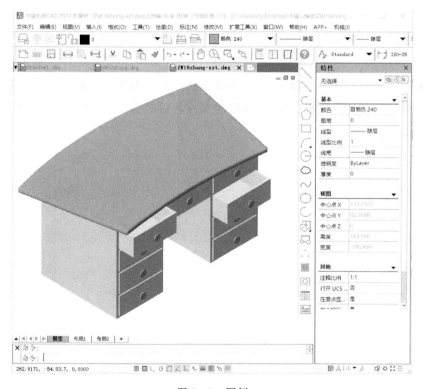

图 2-3 图例

2.3 关闭文件

操作:文件→关闭 ✕。

命令:_close

该命令用于当采用多窗口显示时,关闭已打开的某个图。

2.4 保存

操作：文件→保存 ⊟ 。

命令：_qsave

保存绘制的图形文件。在绘图过程中应经常进行存储，以免出现断电等故障时造成文件丢失。需要注意的是，在第一次保存图形文件之后，再次执行保存命令，将不会弹出图形另存为的对话框。中望 CAD 图形文件的后缀默认为".dwg"。

2.5 赋名保存

操作：文件→另存为 ⊡ 。

命令：_save as

将文件另起名后存成一个新文件，利用此方法可将已有图形经过修改后迅速得到另一个类似的图形。并可制作样板图样，样板图的文件名后缀为".dwt"。选择后缀格式保存如图 2-4 所示。

图 2-4 选择后缀格式保存

2.6　图形界限

操作:格式→图形界限。

计算机的屏幕是不变的,但所绘图纸的大小是可变的。图形界限是为了限定一个绘图区域,便于控制绘图及出图。软件提供的网点等服务,只限定在绘图界限内。

```
命令: '_limits
重新设置模型空间界限:
指定左下角点或限界[开(ON)/关(OFF)]〈0.0,0.0〉:
-9,-9↙(屏幕左下角)
指定右上角点〈420.0,297.0〉:
300,220↙(屏幕右上角)
```

注意:每个斜杠表示一种选项,一般键入第一个字母即可。尖括号中的值是系统默认值。用户修改时,只要键入黑体字部分即可,"↙"表示回车。后面命令均同,在命令后有"'"的,表示该命令是透明命令,可以不中断当前命令使用。

2.7　缩放

操作:视图→缩放。

通过缩放命令,可在屏幕上设置可见视窗的大小。将光标悬停在绘图区域,通过前后滚动鼠标滚轮实现缩放可见视窗。缩放命令的下拉菜单如图 2-5 所示,缩放工具条如图 2-6所示。

注意:使用缩放命令时图形的实际尺寸大小不变。

图 2-5　缩放下拉菜单　　　　　　图 2-6　缩放工具条

1. 按图形界限设置可见视窗的大小

操作:视图→缩放→全部 。

命令:`_zoom

指定窗口角点,输入比例因子 (nX 或 nXP),或者[全部(A)/中心点(C)/动态(D)/范围(E)/上一个(P)/比例(S)/窗口(W)/对象(O)]〈实时〉:_all

2. 按窗口设置可见视窗的大小

操作:视图→缩放→窗口 。

命令:`_zoom

指定窗口角点,输入比例因子 (nX 或 nXP),或者[全部(A)/中心点(C)/动态(D)/范围(E)/上一个(P)/比例(S)/窗口(W)/对象(O)]〈实时〉:_w

指定第一个角点:

指定对角点:(对角开窗口放大至全屏)

3. 回到上一窗口

操作:视图→缩放→上一个 。

命令:`_zoom

指定窗口角点,输入比例因子 (nX 或 nXP),或者[全部(A)/中心点(C)/动态(D)/范围(E)/ 上一个(P)/比例(S)/窗口(W)/ 对象(O)]〈实时〉:_p

4. 按比例放大

操作:视图→缩放→比例 。

命令:`_zoom

指定窗口角点,输入比例因子 (nX 或 nXP),或者[全部(A)/中心点(C)/动态(D)/范围(E)/上一个(P)/比例(S)/窗口(W)/对象(O)]〈实时〉:_s

输入比例因子 (nX 或 nXP):2 ↲(2 倍)

5. 中心点放大(用于三维)

操作:视图→缩放→中心点 。

命令:`_zoom

指定窗口角点,输入比例因子 (nX 或 nXP),或者[全部(A)/中心点(C)/动态(D)/范围(E)/上一个(P)/比例(S)/窗口(W)/对象(O)]〈实时〉:_c

指定中心点:0,0 ↲

输入比例或高度〈159.0〉:100

6. 将图形区放大至全屏

操作:视图→缩放→范围 　。

命令:´_zoom
指定窗口角点,输入比例因子 (nX 或 nXP),或者[全部(A)/中心点(C)/动态(D)/范围(E)/上一个(P)/比例(S)/窗口(W)/对象(O)]〈实时〉:_e

2.8　平移

不改变视窗内图形大小及图形坐标,用鼠标上下、左右移动观察屏幕上不同位置的图形。平移命令的下拉菜单如图 2-7 所示。

操作:视图→平移→实时 　。

命令:´_pan:(用鼠标拖动屏幕移动)
按 Esc 或 Enter 键退出,或者单击右键显示快捷菜单。

图 2-7　平移下拉菜单

2.9　命令的输入方式

命令的输入方式有两种,一种是点击相应的图标来完成操作,另一种是在绘图区域输入相应的简化命令来完成操作。需要注意,前者无须按命令确定键即可激活命令,后者需要在输入命令后按确定键才能激活命令。确定键可通过空格、回车键以及点击鼠标右键来完成。

2.10　图源的点选、框选与交叉选择

将光标移动到需要选择的图源上,图源显示为虚线时点击鼠标左键即可完成点选操作。在图源的左上角空白处点击一点,移动鼠标到图源的右下角空白处再点击一点,即可完成图源的框选操作。在图源的右下角空白处点击一点,移动鼠标到图源的左上角空白处再点击一点,即可完成图源的交叉选择操作。需要注意,框选为实线蓝色框,交叉选择为虚线绿色框。在使用框选时,图源需要在框选的范围内才能选中图源,而交叉选择只需要碰到图源即

可选中图源。点选、框选与交叉选择操作如图 2-8、图 2-9、图 2-10 所示。

图 2-8　点选操作

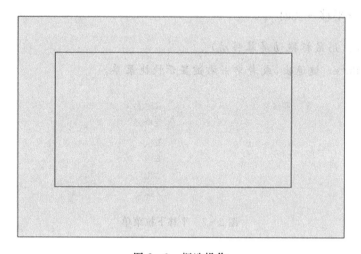

图 2-9　框选操作

图 2-10　交叉选择操作

2.11 撤销

如果操作失误,可以通过撤销命令回到前面步骤重新制作。

操作:标准工具栏→撤销 。

命令:_Undo
输入要放弃的操作数目或 [自动(A)/控制(C)/开始(BE)/结束(E)/标记(M)/后退(B)]
〈1〉:2 ↵(后退两步)

2.12 重做

重做命令可对撤销命令进行重置,即可对撤销命令进行撤销。需要注意,此命令只能是在使用过撤销命令后才能使用。

操作:标准工具栏→重做 。

命令:_MRedo
输入动作数目或 [全部(A)/上一个(L)]:1

2.13 重画

重画命令可刷新屏幕,将屏幕上的作图遗留痕迹擦去。

操作:视图→重画 。

命令:'_redrawall

2.14 重生成

重生成命令可刷新屏幕并重新进行几何计算。当圆在屏幕上显示成多边形时,使用该命令,可恢复光滑度。

操作:视图→重生成 。

命令:_regen 正在重生成模型

2.15 全部重生成

全部重生成命令可多窗口同时刷新屏幕,并重新进行几何计算。

操作：视图→全部重生成 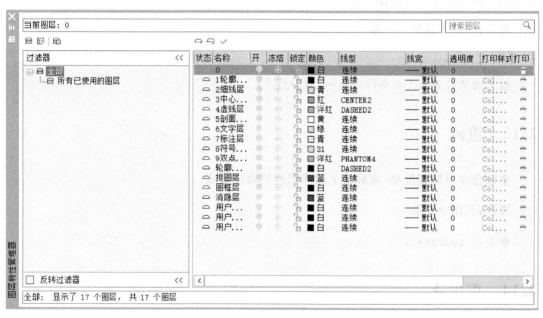。

命令：_regenall 正在重生成模型

2.16　图层

为了便于绘图,中望 CAD 允许设置多个图层组,在每个图层组下又可设置多个图层。为了更好地区分图源信息以及图源颜色、线型、线宽等,通常需要将所绘制的图源进行分门别类的管理。在如图 2-11 所示的对话框中,可以设置当前图层、添加新图层、指定图层特性、打开或关闭图层、全局或按视口解冻和冻结图层、锁定和解锁图层、设置图层的打印样式,以及打开或关闭图层打印。只要用鼠标点击图标,即可设置不同的状态,将某层设置为关闭(不可见)、冻结(不可见且不可修改)、锁定(可见但不可修改)。绘制复杂图形时,还可以给每层设置不同的颜色和线型。

图 2-11　图层特性管理器对话框

从图形文件定义中清除选定的图层,只有那些没有以任何方式参照的图层才能被清除。参照图层包括 0 图层和 DEFPOINTS 图层、包含对象(包括块定义中的对象)的图层、当前图层和依赖外部参照的图层,这些图层均不能被清除。

(1)操作:格式→图层 。

命令：_layer

打开图层设置对话框,可对图层进行操作。例如要创建一个新图层,可选择 图标,"图层 1"即显示在列表中,此时可以立即对它进行编辑,并可选定为当前图层。选择 图标,即可删除选择的相对应图层。

(2)操作:格式→图层→图层状态管理器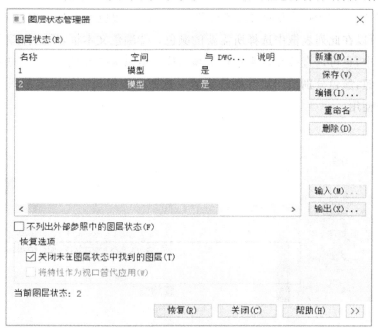。

在如图 2-12 所示的图层状态管理器中,可以新建、保存、编辑图层及重命名现有图层等。

(3)操作:扩展工具→图层工具。

在如图 2-13 所示的图层工具的下拉菜单中,可以对图层进行各种编辑及保持图层状态。

图 2-12　图层状态管理器对话框

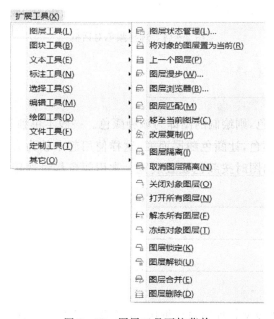

图 2-13　图层工具下拉菜单

2.17　颜色

为了便于绘图,中望 CAD 提供颜色设置。如图 2-14(a)所示为真彩色选项卡,单击此选项卡,可以选择需要的任意颜色。可以拖动调色板中的颜色指示光标和亮度滑块选择颜色及其亮度,也可以通过"色调""饱和度""亮度"的调节按钮来选择需要的颜色。所选颜色的红、绿、蓝值显示在下面的颜色文本框中,也可以直接在该文本框中输入红、绿、蓝值来选择颜色。如图 2-14(b)所示为索引颜色选项卡,包含:①颜色索引列表框,一次列出 255 种索引色,用户可以在此列表框中选择所需要的颜色。②颜色文本框,所选择颜色代号值显示在颜色文本框中,也可以直接在该文本框中输入代号值来选择颜色。③按图层和图块按钮,单击这两个按钮,颜色分别按图层和图块设置。这两个按钮只有在设定了图层颜色和图块颜色后才可以使用。

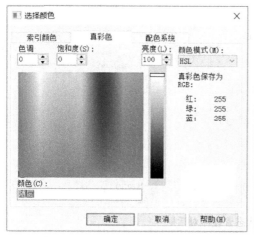
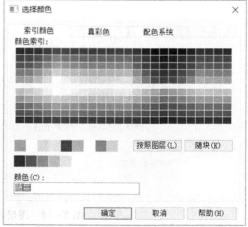

(a) 真彩色选项卡　　　　　　　　　　　(b) 索引颜色选项卡

图 2-14　选择颜色对话框

操作:格式→颜色 。

命令:'_color

用鼠标点选所需颜色,则绘制的图即为该种颜色。一般不单独设置颜色,而是将颜色设为随层,即在层中设置颜色,让颜色随层而变,这样使用起来较为方便。我们可以方便地改变整层颜色,并可以在出图时按颜色设置线宽。常用颜色尽量选用标准颜色,有名称,便于观察。

2.18　线型

操作:格式→线型 。

如图 2-15 所示的线型管理器对话框中,系统默认的线型只有"随层""随块"和"实线"。

点击加载(Load)按钮,出现如图 2-16 所示的添加线型对话框,通过点击即可选取加载线型。与颜色设置一样,一般不单独设置线型。用户可将线型设为随层,在层中设置线型,让线型随层级颜色而变。当绘制较大图样时,虚线等线型会聚拢,在屏幕上难以分辨,而颜色在屏幕上则极易区分。国家标准(见附录)中规定了不同的线型对应的不同颜色。

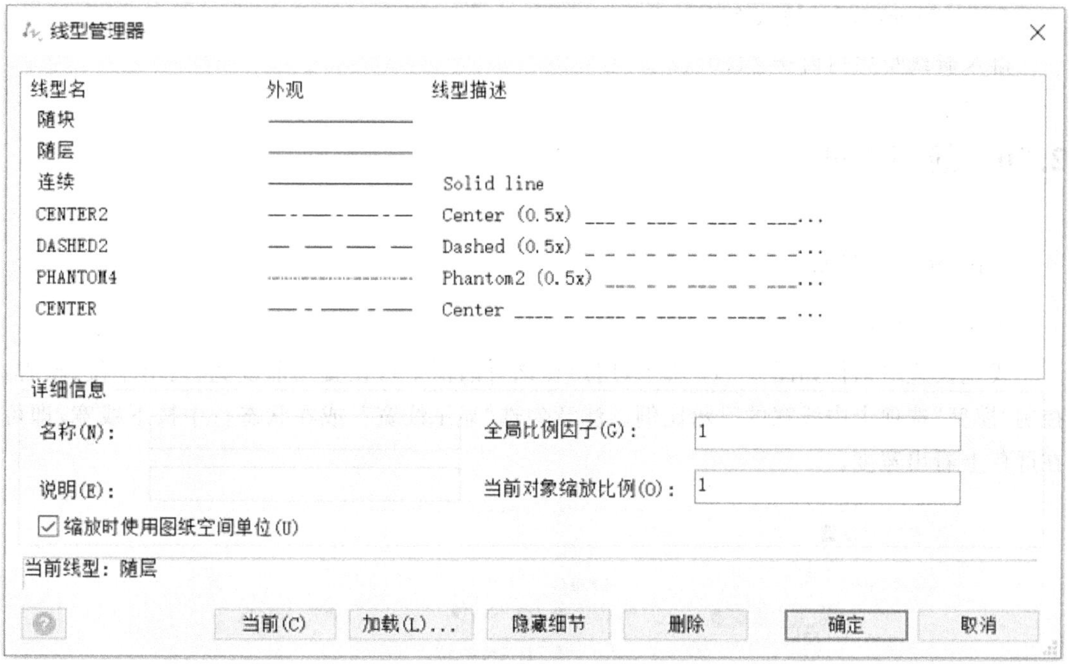

图 2-15 线型管理器对话框

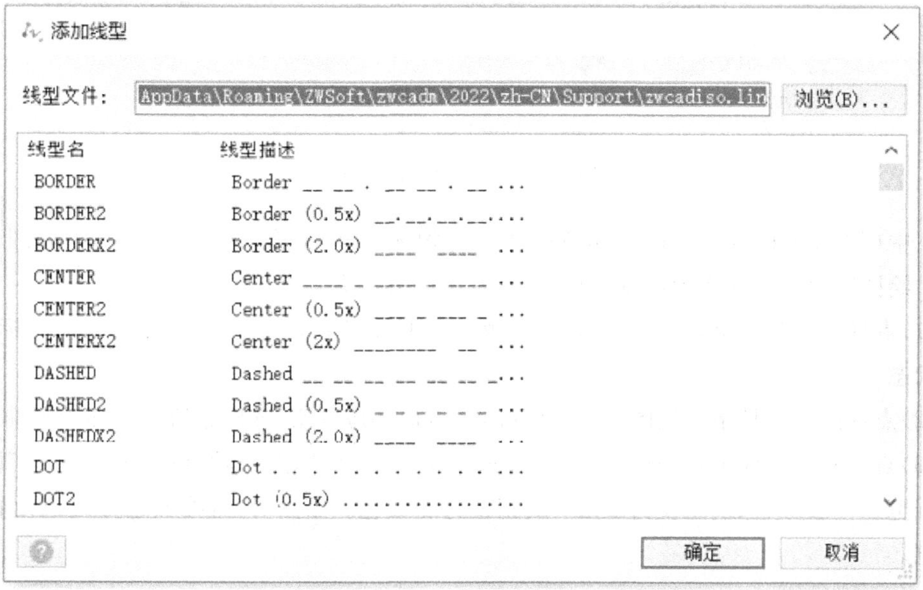

图 2-16 添加线型对话框

2.19　线型比例

设置绘图线型的比例系数可改变点划线等线型的长线与短线间的长度比例。用户可在图2-15的线型管理器对话框中点击显示细节按钮,通过修改全局比例因子来设置线型比例。

命令:ltscale ↵(键入命令)
输入新线型比例因子〈1.0〉:2 ↵

2.20　线型宽度

操作:格式→线宽 ≣。

命令:'_lweight

线宽设置对话框如图2-17所示,用户在该对话框中可设置当前线宽、列出单位、缺省,控制"模型"选项卡中线宽的显示比例。注意勾选"显示线宽",或在状态行中按下线宽,即可在屏幕上看出宽度。

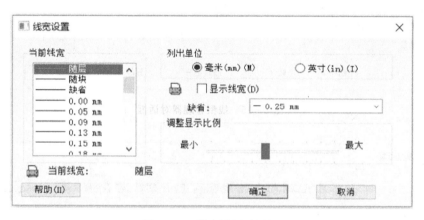

图2-17　线宽设置对话框

在中望 CAD 中,图层、线型、颜色被统称为物体属性(对象特性),其工具条如图2-18所示。绘图时要经常变换图层及颜色等,其常用的方法有:

(1)点住工具条中层状态显示框后的"▼",在下拉菜单中选一层,并点击相应图标,改变层的状态。

(2)点住图层工具条中选图素换层图标,再点取相应图素,该图素所在层即为当前层。

(3)点住对象特性工具条中颜色、线型或线宽后的"▼",选一种,设置为当前的颜色、线型或线宽。一般颜色、线型设为随层,线宽设为随颜色。出图时,可按颜色方便地设置或更改线宽。

图 2-18 对象特性及图层工具条

2.21 单位

为了方便使用,系统还可以进行图形单位设置,如图 2-19 所示。我们可以设置科学、英寸、建筑等进制(默认为十进制)。同时还可设置绘图单位和精度。

操作:格式→单位 回。

命令:'_units

图 2-19 图形单位设置对话框

2.22 多窗口功能

在中望 CAD 中,用户可将多个文件同时打开,在不同的窗口中显示。并可在主菜单窗口的下拉菜单中选取窗口的排列方式:水平或垂直。用户还可选择排列多个窗口,如图 2-20 所示。

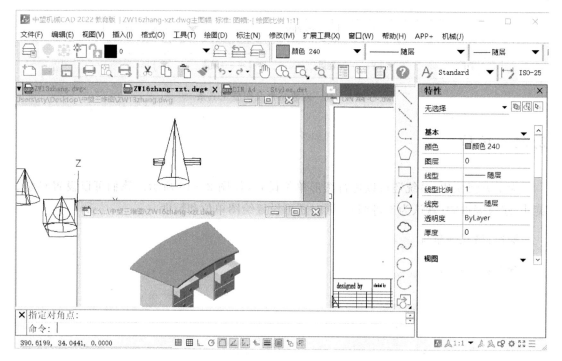

图 2-20 多窗口的排列

第3章

绘图命令

本章主要介绍绘图及相关命令。在中望CAD的下拉菜单栏中,选取绘图菜单项,可打开其下拉菜单,如图3-1所示。在工具栏中也有绘图工具栏,如图3-2所示。下拉菜单中的内容与工具栏中的内容不完全相同,有些命令在默认的绘图工具栏中没有图标,但是我们可以自定义,详细操作见本书第1.5节。

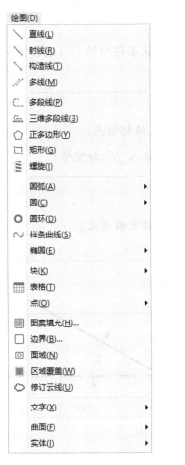

图3-1　绘图下拉菜单栏　　　　图3-2　绘图工具栏

3.1 直线

先指定一个起点位置,再给出终点位置,或者输入角度和长度值,即可画出一条直线。点的位置可用鼠标点出或者用键盘输入精确坐标(","切换横纵坐标输入框)来确定,结束时按空格键、ESC 键或者回车键退出。画错可以点击撤销键 ↶ 或者输入快捷键"U"撤销。

下拉菜单栏操作:绘图→直线,或点击绘图工具栏图标 ╲ ,或输入快捷键"L",即可进入直线命令。命令行显示"命令:_line"。

1. 画一条任意直线(见图 3 - 3(a))

(1)进入直线命令后,系统提示"指定第一个点":用鼠标点击一点,或输入精确坐标;

(2)指定下一点或[角度(A)/长度(L)/放弃(U)]:拖动鼠标点击第二点或输入第二点坐标;

(3)指定下一点或[角度(A)/长度(L)/放弃(U)]:按空格键结束。

如果需要在第二点基础上继续画直线,如图 3 - 3(b)所示,只需继续用鼠标点击或输入第三点、第四点坐标,最后输入空格键结束。

如果需要画水平或竖直的线,可以点击下方状态栏中的 ∟ ,或者按键盘上的 F8,打开正交模式,即可绘制水平或竖直的线。

2. 画一条角度线(见图 3 - 3(c))

指定第一个点:用鼠标点击或输入坐标确定直线起始点;

指定下一点或[角度(A)/长度(L)/放弃(U)]:输入"A",按空格;

指定角度:输入角度30,按空格;

指定长度:输入长度50,按空格;

指定下一点或[角度(A)/长度(L)/放弃(U)]:按空格结束。

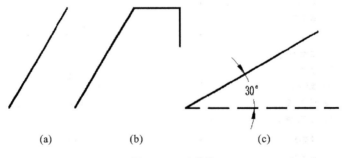

(a)　　　　　(b)　　　　　(c)

图 3 - 3　画直线

注意:输入角度为正值时,代表从 X 轴逆时针旋转这个角度值,而输入的角度为负值时,代表从 X 轴顺时针旋转这个角度值。

另外一种画角度线方式可以打开状态栏中的极轴追踪功能(F10),右键图标设置增量角度为 30°,在绘图区域用鼠标点击或键盘输入第一点,拖动鼠标,当角度为 30°倍数时会出现辅助线,如图 3-4 所示,在 30°附近辅助线上确定第二点画出的角度线即为 30°。

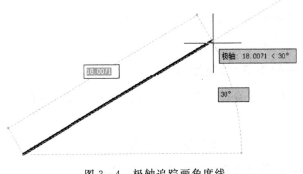

图 3-4　极轴追踪画角度线

3.2　构造线

通过某一点,画出一条或几条无限长的线。构造线一般用作辅助线。因构造线无限长,故删除时不能框选,每次只能选一条。

下拉菜单栏操作:绘图→构造线,或点击绘图工具栏图标 ,或输入快捷键"XLI",即可进入构造线命令。命令行显示"命令:_xline"。

1. 两点绘制构造线(见图 3-5(a))

(1)指定构造线位置或[等分(B)/水平(H)/垂直(V)/角度(A)/偏移(O)]:用鼠标点击一点,或输入精确坐标,确定构造线中心点位置;

(2)指定通过点:拖动鼠标点击第二点或输入第二点相对坐标;

(3)指定通过点:按空格键结束。

2. 绘制水平或垂直构造线(见图 3-5(b))

(1)指定构造线位置或[等分(B)/水平(H)/垂直(V)/角度(A)/偏移(O)]:输入 H 或者 V,按空格键进入下一步;

(2)定位:鼠标点击一点或输入坐标;

(3)定位:按空格键结束。

也可以打开状态栏的正交按钮,类似两点绘制构造线,在绘图区确定两点来绘制水平或垂直的构造线。

3. 绘制已知角度的构造线(见图 3 - 5(c))

(1)指定构造线位置或[等分(B)/水平(H)/垂直(V)/角度(A)/偏移(O)]:输入 A,按空格进入下一步;

(2)输入角度值或[参照值(R)]:输入角度 45°,按空格进入下一步;

(3)定位:鼠标点击一点或输入坐标;

(4)定位:按空格键结束。

4. 绘制角度的平分构造线(见图 3 - 3(d))

(1)指定构造线位置或[等分(B)/水平(H)/垂直(V)/角度(A)/偏移(O)]:输入 B,按空格进入下一步;

(2)指定顶点或[对象(E)]:鼠标点击角的顶点;

(3)指定平分角起点:鼠标点击角一边上任意一点;

(4)指定平分角终点:鼠标点击角另外一边上任意一点;

(5)指定平分角终点:按空格键结束。

5. 绘制已知直线的偏移构造线(如图 3 - 5(d)所示)

(1)指定构造线位置或[等分(B)/水平(H)/垂直(V)/角度(A)/偏移(O)]:输入 O,按空格进入下一步;

(2)指定偏移距离或[通过(T)/擦除(E)/涂层(L)]:输入偏移距离 10,按空格键进入下一步;

(3)指定向哪侧偏移:鼠标点击需要偏移的一侧;

(4)选取偏移线:按空格键结束。

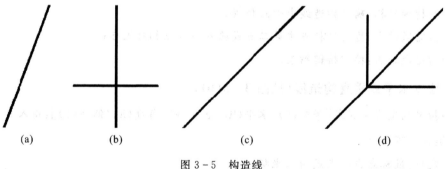

| (a) | (b) | (c) | (d) |

图 3 - 5 构造线

3.3 射线

以某一点为起点,通过第二点确定方向,画出一条或几条无限长的线(见图 3 - 6)。射线的绘制方法与构造线非常类似,进入命令后同样也有[等分(B)/水平(H)/竖直(V)/角度(A)/偏移(O)]等二级命令,这里就不详细叙述了,具体请参考构造线的绘制。

下拉菜单栏操作:绘图→射线,或输入快捷键"RAY",即可进入射线命令。命令行显示"命令:_ray"。

以两点绘制射线:

(1)指定射线起点或[等分(B)/水平(H)/垂直(V)/角度(A)/偏移(O)]:用鼠标点击一点,或输入精确坐标,确定射线起点位置;

(2)指定通过点:拖动鼠标点击第二点或输入第二点相对坐标;

(3)指定通过点:按空格键结束。

图 3-6 射线

3.4 多线

多线命令可以同时绘制两条或多条相互平行的线段。

下拉菜单栏操作:绘图→多线,或输入快捷键"ML",即可进入多线命令。命令行显示"命令:_mline"。

1. 绘制以鼠标光标为中心点的多线(见图 3-7(a))

(1)指定起点或[对正(J)/比例(S)/样式(ST)]:输入"J";

(2)输入对正类型[上(T)/无(Z)/下(B)]:输入"Z";

(3)指定起点或[对正(J)/比例(S)/样式(ST)]:用鼠标点击一点,或输入精确坐标,确定射线起点位置;

(4)指定下一点:拖动鼠标点击第二点或输入第二点相对坐标;

(5)指定下一点或[撤销(U)]:按空格键结束。

2. 绘制闭合矩形多线框(见图 3-7(b))

(1)指定起点或[对正(J)/比例(S)/样式(ST)]:用鼠标点击确定矩形一角点;

(2)指定下一点:继续用鼠标点击接下来的三个矩形角点;

(3)指定下一点或[闭合(C)/撤销(U)]:不要点击最初始的点,输入"C"自动闭合。

也可以通过手动方式进行闭合操作。使用多线命令绘制完矩形后,双击所绘制的矩形,选择"角点结合"再一次点击没有闭合角两边的多线,即可实现手动闭合。

3. 绘制端口闭合的多线(见图 3-7(c))

(1)添加多线样式:格式→多线样式→添加,然后输入新样式名称"123",勾选直线后起点和端点封口的选项框;

(2)进入多线命令:绘图→多线;

(3)指定起点或[对正(J)/比例(S)/样式(ST)]:输入"ST";

(4)输入多线样式名或[?]:输入样式名"123";

(5)指定起点或[对正(J)/比例(S)/样式(ST)]:鼠标点击一点确定起点;

(6)指定下一点:拖动鼠标点击终点;

(7)指定下一点或[撤销(U)]:按空格结束。

比例(S)二级命令主要控制多线的两条平行线之间的宽度,这里不再详细叙述。

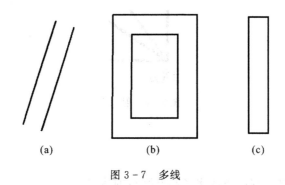

图 3-7 多线

3.5 多段线

多段线和多条直线连起来的图形外表看上去没有区别。不同的是多段线为一个图元,选中多段线中任意一段即可选中全部线段;而多段直线由多个图元组成,每一段线段都是独立的。

下拉菜单栏操作:绘图→多段线,或点击绘图工具栏图标 ⌐,或输入快捷键"PL",即可进入多段线命令。命令行显示"命令:_pline"。

1. 绘制任意多段线(见图 3-8(a))

(1)指定多段线的起点或〈最后点〉:用鼠标点击一点或输入精确坐标;

(2)指定下一点或[圆弧(A)/半宽(H)/长度(L)/撤销(U)/宽度(W)]:拖动鼠标依次点击第二点、第三点……。

(3)指定下一点或[圆弧(A)/半宽(H)/长度(L)/撤销(U)/宽度(W)]:按空格键结束。

2. 利用多段线线宽绘制箭头(见图 3-8(b))

(1)指定多段线的起点或〈最后点〉:用鼠标点击一点或输入精确坐标;

(2)指定下一点或[圆弧(A)/半宽(H)/长度(L)/撤销(U)/宽度(W)]:输入"W";

(3)指定起始宽度:输入 0,按空格切换;

(4)指定终止宽度:输入 30,按空格;

（5）指定下一点或［圆弧(A)/半宽(H)/长度(L)/撤销(U)/宽度(W)］：拖动鼠标点击确定终点位置；

（6）指定下一点或［圆弧(A)/半宽(H)/长度(L)/撤销(U)/宽度(W)］：按空格键结束。

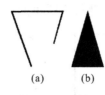

(a)　　(b)

图 3-8　多段线

3.6　矩形

矩形是常用的绘图命令，指定两个对角点即可绘出矩形。通过二级命令也可以绘制带有倒角或圆角的矩形。

下拉菜单栏操作：绘图→矩形，或点击绘图工具栏图标□，或输入快捷键"REC"，即可进入矩形命令。命令行显示"命令：_rectang"。

1. 绘制任意矩形（见图 3-9(a)）

（1）指定第一个角点或［倒角(C)/标高(E)/圆角(F)/正方形(S)/厚度(T)/宽度(W)］：用鼠标点击一点或输入精确坐标确定第一个角点；

（2）指定其他的角点或［面积(A)/尺寸(D)/旋转(R)］：拖动鼠标点击或者输入长宽尺寸确定第二角点。

2. 绘制正方形（见图 3-9(b)）

（1）指定第一个角点或［倒角(C)/标高(E)/圆角(F)/正方形(S)/厚度(T)/宽度(W)］：输入"S"；

（2）指定第一个角点或［倒角(C)/标高(E)/圆角(F)/厚度(T)/宽度(W)］：用鼠标点击一点或输入精确坐标确定第一个角点；

（3）指定第二个角点：拖动鼠标点击或者输入相对坐标确定第二角点。

注意：正方形第二角点为第一角点相邻点，而不是对角点。

3. 绘制带有倒角/圆角的矩形（见图 3-9(c)、(d)）

（1）指定第一个角点或［倒角(C)/标高(E)/圆角(F)/正方形(S)/厚度(T)/宽度(W)］：输入"C"；

（2）指定所有矩形的第一个倒角距离：输入 5，按空格切换；

（3）指定所有矩形的第二个倒角距离：输入 5，按空格切换；

（4）指定第一个角点或［倒角(C)/标高(E)/圆角(F)/正方形(S)/厚度(T)/宽度(W)］：用鼠标点击一点或输入精确坐标确定第一个角点；

(5)指定其他的角点或[面积(A)/尺寸(D)/旋转(R)]:拖动鼠标点击或者输入长宽尺寸确定第二角点。

圆角矩形绘制与倒角相似,将输入的两个倒角距离替换为输入圆角半径。

注意:如果矩形太小,将无法满足倒角或圆角操作,倒角和圆角也将不显示。

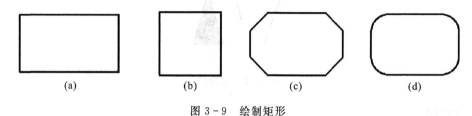

(a)　　　　　(b)　　　　　(c)　　　　　(d)

图 3 - 9　绘制矩形

3.7　正多边形

正多边形命令用来绘制各种正多边形。下拉菜单栏操作:绘图→正多边形,或点击绘图工具栏图标⬡,或输入快捷键"POL",即可进入正多边形命令。命令行显示"命令:_polygon"。

1. 绘制正六边形(见图 3 - 10)

(1)输入边的数目〈4〉或[多个(M)/线宽(W)]:输入"6",按空格切换;

(2)指定正多边形的中心或[边(E)]:用鼠标点击一点或输入精确坐标确定中心点位置;

(3)输入选项[内接于圆(I)/外切于圆(C)]:根据需要选择内接于圆或外切于圆,内切于圆需要知道中心点到正多边形角点的距离,而外切于圆需要知道中心点到正多边形边的垂直距离;

(4)指定圆的半径:输入中心点到角点距离(内切于圆)或中心点到边的距离(外切于圆)。

注意:正多边形是以多段线的形式显示,具有实体属性线宽,可以在绘图时或者绘图后调整线宽。当正多边形边数很大时,将以圆的形式显示。

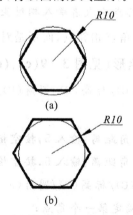

(a)

(b)

图 3 - 10　正多边形

3.8　圆弧

圆弧的绘制方法多种多样,已知条件的不同,绘制方法也不同。在中望 CAD 教育版 2022 中有 11 种绘制圆弧的方法可供用户选择,下面介绍几种常用的绘制圆弧的方法。

下拉菜单栏操作:绘图→圆弧→绘制方法,或点击绘图工具栏图标 (长按图标可以看到隐藏的全部绘制方法),或输入快捷键"A",即可进入圆弧命令。命令行显示"命令:_arc"。

1. 已知三点绘制圆弧(见图 3-11(a))

(1)指定圆弧的起点或[圆心(C)]:用鼠标点击一点确定圆弧起点位置;

(2)指定圆弧的第二个点或[圆心(C)/端点(E)]:用鼠标点击一点确定圆弧第二点位置;

(3)指定圆弧的端点:用鼠标点击一点确定圆弧端点位置。

2. 已知圆心、起点、终点,绘制圆弧(见图 3-11(b))

(1)指定圆弧的起点或[圆心(C)]:输入"C";

(2)指定圆弧的圆心:用鼠标点击一点确定圆弧圆心位置;

(3)指定圆弧的起点:用鼠标点击一点确定圆弧起点位置;

(4)指定圆弧的端点或[角度(A)/弦长(L)]:用鼠标点击一点确定圆弧终点位置。

知道半径、角度、弦长等也可以用来绘制圆弧,具体方法不再叙述。

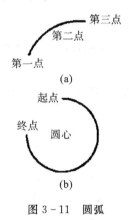

图 3-11　圆弧

3.9　圆

在绘制圆的下拉菜单中,按照不同的已知条件,有六种绘制圆的方法可供用户选择,如图 3-12 所示。以下介绍几种常用的方法。

下拉菜单栏操作:绘图→圆,或点击绘图工具栏图标 ;或输入快捷键"C",即可进入圆命令。命令行显示"命令:_circle"。

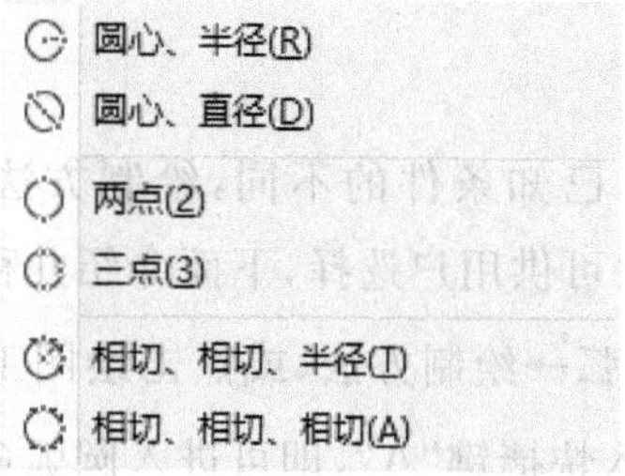

⊙ 圆心、半径(R)
⊘ 圆心、直径(D)
◯ 两点(2)
◯ 三点(3)
⊙ 相切、相切、半径(T)
◯ 相切、相切、相切(A)

图 3 - 12　绘制圆下拉菜单

1. 已知圆心、半径绘制圆(见图 3 - 13(a))

(1)指定圆的起点或[三点(3P)/两点(2P)/切点、切点、半径(T)]:用鼠标点击一点或输入坐标确定圆心位置;

(2)指定圆的半径或[直径(D)]:输入半径值,空格结束或用鼠标点击一点确定圆上一点。

如果想用圆心、直径来绘制圆,只需在确定圆心后的二级命令输入"D",动态输入就变为直径的值。

2. 已知两端点绘制圆(见图 3 - 13(b))

(1)指定圆的起点或[三点(3P)/两点(2P)/切点、切点、半径(T)]:输入"2P",按空格切换;用鼠标点击一点或输入坐标确定圆心位置;

(2)指定圆的直径的第一个端点:用鼠标点击一点或输入坐标确定直径上一个端点的位置;

(3)指定圆的直径的第二个端点:用鼠标点击一点或输入绝对坐标确定直径上第二个端点的位置。

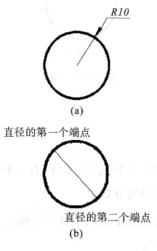

R10

(a)

直径的第一个端点

直径的第二个端点

(b)

图 3 - 13　圆

3.10 圆环

圆环命令用于以绘制填充的环、有宽度的圆及实心的圆。

下拉菜单栏操作:绘图→圆环,或输入快捷键"DO",即可进入圆环命令。命令行显示"命令:_donut"。

1. 绘制一般圆环(见图 3-14(a))

(1)指定圆环的内径:键盘输入圆环内径 10,按空格切换;

(2)指定圆环的外径:键盘输入圆环外径 20,按空格切换;

(3)指定圆环的中心点或〈退出〉:用鼠标点击一点或输入坐标值确定圆心位置;

(4)指定圆环的中心点或〈退出〉:按空格键退出。

2. 绘制实心圆(见图 3-14(b))

(1)指定圆环的内径:键盘输入圆环内径 0,按空格切换;

(2)指定圆环的外径:键盘输入圆环外径 20,按空格切换;

(3)指定圆环的中心点或〈退出〉:用鼠标点击一点或输入坐标值确定圆心位置;

(4)指定圆环的中心点或〈退出〉:按空格键退出。

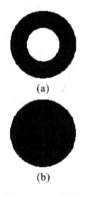

(a)

(b)

图 3-14 圆环

3.11 椭圆

椭圆命令根据椭圆的长短轴及中心等条件绘制椭圆。

下拉菜单栏操作:绘图→椭圆,或点击绘图工具栏图标○,或输入快捷键"EL",即可进入椭圆命令。命令行显示"命令:_ellipse"。

1. 已知椭圆的两个端点绘制椭圆（见图 3 - 15(a)）

(1)指定椭圆的第一个端点或[弧(A)/中心(C)]:用鼠标点击或输入坐标确定第一个端点位置;

(2)指定轴向第二个端点:用鼠标点击或输入相对坐标确定第二个端点位置;

(3)指定其他轴或[旋转(R)]:用鼠标点击或输入另一条半轴的长度。

2. 已知中心及一个端点绘制椭圆（见图 3 - 15(b)）

(1)指定椭圆的第一个端点或[弧(A)/中心(C)]:输入"C";

(2)指定椭圆的中心:用鼠标点击或输入坐标确定椭圆中心位置;

(3)指定轴向第二个端点:用鼠标点击或输入相对坐标确定第二个端点位置;

(4)指定其他轴或[旋转(R)]:用鼠标点击或输入另一条半轴的长度。

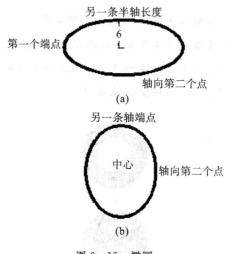

图 3 - 15　椭圆

3.12　图块

图块命令用于将一些常用的图形制作成图块(简称块),块的作用是将多个图元组合为一个图元。块分为普通块和属性块,它们的区别在于:普通块不能在绘图区进行编辑,需要进入特有的块编辑区才能对图元进行编辑;属性块允许在绘图区对图元上的文字进行编辑。使用时,在插入命令中选择插入块,即可重复使用所定义的图块。块定义对话框如图 3 - 16所示。下面分别介绍普通块和属性块的创建。

图 3-16 块定义对话框

1. 普通块的创建

1）常规创建方法

下拉菜单栏操作：绘图→块→创建，或点击绘图工具栏图标 ，或输入快捷键"B"，即可进入块命令。命令行显示"命令：_block"。

在弹出的块定义对话框中定义需要创建的块的名称，在对象面板中点击"选择对象"按钮，然后选择需要被成块的图元，按空格键确定；在基点面板中，点击"选择基点"按钮，在图元上或绘图区点击一点，点击确定按钮完成普通块创建。

注意：图元成块后，图元上的夹点将全部隐藏，只保留基点这一个点。在行为面板中如果勾选"允许分解"，则块可以被分解为多个图元；如果取消勾选，则所创建的块将永久性不能被分解为多个图元。

2）组合键创建方法

首先选择需要被成块的图元，按组合键"Ctrl＋X"进行剪切，再按组合键"Ctrl＋Shift＋V"进行粘贴，即可将选择的图元进行成块。多次按组合键"Ctrl＋Shift＋V"可以快速粘贴多个块。

注意：①组合键创建的块基点默认在左下角，且名称随机分配（在插入→块命令处可以看到具体的名称）。②如果想要指定基点成块，可以在选中图元后按组合键"Ctrl＋Shift＋C"，然后指定基点，再按组合键"Ctrl＋Shift＋V"即可实现指定基点成块。③创建的普通块在绘图区不能编辑，如果需要编辑，可以双击所创建的块，进入到块编辑区，即可对图元进行修改。

2. 属性块的创建

下拉菜单栏操作：绘图→块→定义属性，或输入快捷键"ATT"即可进入属性块命令。命令行显示"命令：_attdef"。

在弹出的定义属性框中（见图 3-17），在"名称"处对属性文字进行定义。如在名称后输入"1"，点击"定义并退出"按钮，在绘图区点击一点，即可完成属性文字的放置。选中刚定义好的文字,在右侧的特性工具栏中可以对文字的样式、对正方式以及高度等进行修改。修改对正方式为正中,如图 3-18 所示。

图 3-17　定义属性对话框

图 3-18　特性工具栏文字修改框

　　点击文字正中的夹点,拖动到另创建圆的圆心处,如图 3-19 所示。最后选中文字与圆形图元,按照创建普通块的方式创建为普通块,在弹出的编辑图块属性对话框中可以修改属性文字,如图 3-20 所示。点击确定按钮即可。如果要对创建好的块中的文字进行修改,可以选择图元后在特性工具栏最下方的属性中进行修改;也可以双击创建好的属性块,在弹出的"属性高级编辑"框中修改文字,如图 3-21 所示。

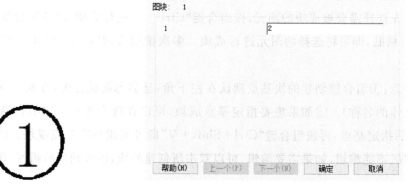

图 3-19　创建的属性块

图 3-20　修改属性文字

图 3-21 属性高级编辑器修改文字

3. 插入块

下拉菜单栏操作:插入→块,或点击绘图工具栏图标,或输入快捷键"I"。命令行显示"命令:_insert"。

为了便于快速绘图,可利用插入命令将绘制好的图或图块插入。如果取消"在屏幕上指定"前的小勾,就可准确地设置插入点的坐标、比例和旋转角度,如图 3-22 所示。如果不取消"在屏幕上指定"前的小勾,可以用鼠标点击插入点,或在命令行中设置相关参数。

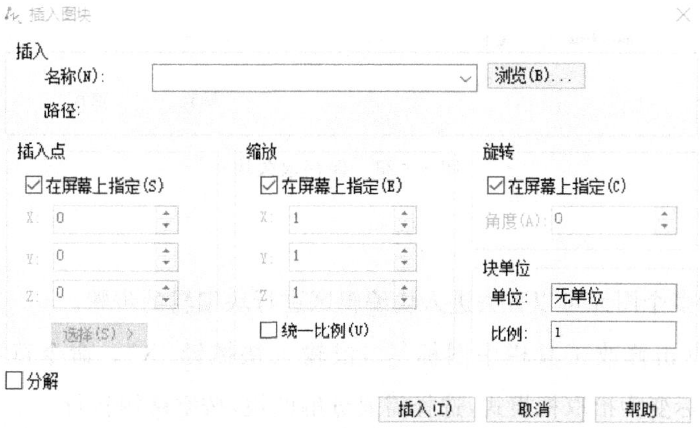

图 3-22 插入图块对话框

4. 保存永久

之前我们创建的块均属于临时块,临时块只能在所定义块的图形文件中使用。当再打开一个图形文件时,之前定义的块就无法被使用。而在绘图过程中各类符号的使用是必不可少的,如果每次作图都需要重新定义块将会非常麻烦。所以我们需要将已经画好的块导出为图形文件保存,也就是保存为永久块,这样以后需要调用这个块时就会大大提高绘图效率。

具体操作步骤:输入快捷键"W",将弹出"保存块到磁盘"对话框,在源面板框中选择"对象"按钮。在基点面板框中点击"选择点"按钮,在需要保存为永久块的图元上点击一点确定为基点。在对象面板框中点击"选择对象"按钮,选取需要永久保存的块,按空格键确定。在目标面板框中指定图形文件的保存路径,按"确定"键结束,如图 3-23 所示。

注意:如果不选择基点,则基点会默认为块坐标原点,后续插入图块时将会非常不方便。

图 3-23 保存永久块

5. 分解块

将块分解为多个图元可以省去进入块编辑区进行块编辑的步骤。

具体操作:点击修改工具栏中图标 ，或输入快捷键"X"。命令行显示"命令:_explode"。此时光标变为拾取框模式,选择需要分解的块,按空格键执行。

第4章

修改命令

本章主要介绍编辑修改命令。在中望 CAD 的主菜单中,选取"修改"菜单项,就可打开其下拉菜单,如图 4-1 所示。在工具栏中也有修改工具栏,如图 4-2 所示,两者的内容不完全相同。所有修改命令均是对已绘制的图元进行修改,因此修改命令均要选择对象。与绘图命令不同,大部分的修改命令有两种执行方式:①选中图元后再执行修改命令;②先执行修改命令,再选中图元。图元可以单选,也可以多选。在一些命令中要求相对基准点,可用鼠标点选,也可以给出准确的坐标点,还可以利用对象捕捉找出所需的准确位置。

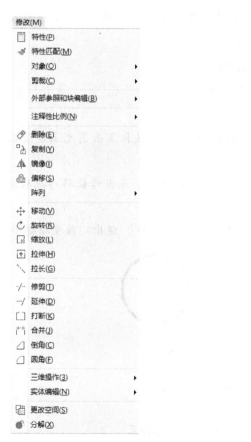

图 4-1　修改选项下拉菜单　　　　图 4-2　修改工具栏

4.1 删除

删除命令用于将已绘制的不需要的图元进行删除操作。

下拉菜单栏操作：修改→删除，或点击修改工具栏图标 ✏，或输入快捷键"E"，即可进入删除命令。命令行显示"命令：_erase"。删除图元操作如下：

(1)进入命令后，系统提示选择对象：用鼠标点选或多选图元；

(2)选择对象：按空格键确定。

注意：①删除命令还可以通过键盘上的"Delete"键来进行，如果采用这种方式来删除图元，先选中需要删除的图元，再按"Delete"键才能执行。按"Delete"键删除不需要输入空格确定。②删除命令也可以先选中图元再按组合键"Ctrl＋X"进行剪切，只要不进行粘贴操作，被选中的图元就不会出现在绘图区。

4.2 复制

复制命令用于将图形复制一个或多个。

下拉菜单栏操作：修改→复制，或点击修改工具栏图标 📑，或输入快捷键"CO"，即可进入复制命令。命令行显示"命令：_copy"。

复制图元(如图 4-3 所示)操作如下：

(1)选择对象：用鼠标点选或多选图元；

(2)选择对象：输入空格键确认；

(3)指定基点或[位移(D)/模式(O)]〈位移〉：用鼠标点击图元上或绘图区任意一点作为基点；

(4)指定第二点的位移或者[阵列(A)]〈使用第一点当作位移〉：拖动鼠标在绘图区再点一点，作为复制后图元基点位置；

(5)指定第二个点或[阵列(A)/退出(E)/放弃(U)]〈退出〉：按空格键退出命令。

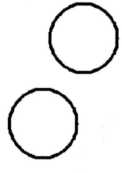

图 4-3 复制图元

4.3　镜像

镜像命令是以设定的两点连线为对称轴,将所选图形对称复制或翻转。

下拉菜单栏操作:修改→镜像,或点击修改工具栏图标，或输入快捷键"MI",即可进入镜像命令。命令行显示"命令:_mirror"。

对称复制已有图形(见图 4-4)操作如下:

(1)选择对象:鼠标点选或多选需要被镜像操作的图元;

(2)选择对象:输入空格键确定;

(3)指定镜像线的第一点:拖动鼠标在绘图区点击镜像线第一点;

(4)指定镜像线的第二点:拖动鼠标在绘图区点击镜像线第二点;

(5)是否删除源对象?[是(Y)/否(N)]〈N〉:输入"N"。

注意:如果在是否删除源对象处输入"Y",将只会保留镜像后的图元,源图元会被删除,类似于将图元做翻转操作。

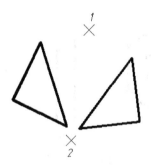

图 4-4　镜像复制已有图形

4.4　偏移

偏移命令是将所选图形按设定的点或距离再等距地复制一个,复制的图形可以和原图形一样,也可以放大或缩小,复制图形是原图形的相似形。

下拉菜单栏操作:修改→偏移,或点击修改工具栏图标，或输入快捷键"O",即可进入偏移命令。命令行显示"命令:_offset"。

1. 指定距离偏移(见图 4-5(a))

(1)指定偏移距离或[通过(T)/擦除(E)/图层(L)]〈5.0〉:输入"5",按空格确认;

(2)选择要偏移的对象或[放弃(U)/退出(E)]〈退出〉:用鼠标选择需要偏移的图元;

(3)指定目标点或[退出(E)/多个(M)/放弃(U)]〈退出〉:用鼠标在正六边形外点击一点,确定偏移方向;

(4)选择要偏移的对象或［放弃(U)/退出(E)］〈退出〉:按空格键退出。

2. 通过点偏移(见图 4 – 5(b))

(1)指定偏移距离或［通过(T)/擦除(E)/图层(L)］〈5.0〉:输入"T",按空格确认;

(2)选择要偏移的对象或［放弃(U)/退出(E)］〈退出〉:用鼠标选择需要偏移的图元;

(3)指定目标点或［退出(E)/多个(M)/放弃(U)］〈退出〉:用鼠标点击需要偏移通过的点;

(4)选择要偏移的对象或［放弃(U)/退出(E)］〈退出〉:按空格键退出。

3. 可连续复制距离相同的图形(见图 4 – 5(c))

(1)指定偏移距离或［通过(T)/擦除(E)/图层(L)］〈5.0〉:输入"2",按空格确认;

(2)选择要偏移的对象或［放弃(U)/退出(E)］〈退出〉:用鼠标选择需要偏移的图元;

(3)指定目标点或［退出(E)/多个(M)/放弃(U)］〈退出〉:输入"M",按空格确认;

(4)指定要偏移的那一侧上的点或［退出(E)/放弃(U)］〈下一对象〉:用鼠标在圆形图元外侧不断点击,按 ESC 键退出。

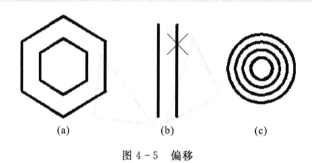

(a) (b) (c)

图 4 – 5 偏移

4.5 阵列

阵列命令是将所选图形按设定的数目和距离一次复制多个。矩形阵列复制的图形和原图形一样,按行列排列整齐。环形阵列复制的图形可以和原图形一样,也可以改变方向。用户可按图 4 – 6 所示的阵列对话框,选择矩形阵列或环形阵列,并填写相应数据,选择对象,进行阵列复制。

下拉菜单栏操作:修改→阵列,或点击修改工具栏图标，或输入快捷键"AR",即可进入阵列命令。命令行显示"命令:_arrayrect"。

1. 绘制给定行数和列数的矩形阵列(见图 4 – 6(a))

(1)选择对象:用鼠标点击或框选需要做阵列操作的源图元,输入空格键确定,此时软件会自动生成 3×4 的矩形阵列。

（2）选择夹点以编辑阵列或［关联(AS)/基点(B)/计数(COU)/间距(S)/列数(COL)/行数(R)/层数(L)/退出(X)]：①通过夹点编辑阵列：自动生成的矩形阵列中会有左下和右上两个方形夹点，以及在最左列和最下行上的 4 个箭头型夹点。通过点击并拖动左下方方形夹点，可以控制整体阵列的位置，右上方的方形夹点可以控制矩形阵列的行列数和生成方向。靠近左下方方形夹点的两个箭头型夹点可以控制阵列的行间距和列间距，较远的两个箭头型夹点控制阵列行数和列数以及行列生成方向。②通过菜单命令编辑阵列：在命令行输入提示的间距、列数、行数等，进入对应的命令和值，来编辑阵列。

（3）选择夹点以编辑阵列或［关联(AS)/基点(B)/计数(COU)/间距(S)/列数(COL)/行数(R)/层数(L)/退出(X)]：按空格键结束。

2. 绘制环形阵列（见图 4－6(b)）

选择阵列下拉菜单中的环形阵列，或长按修改工具栏图标，或输入快捷键"AR"。选择对象后点击环形阵列类型。命令行显示"命令：_arraypolar"。

（1）选择对象：用鼠标点击或框选需要做阵列操作的源图元，按空格键确定。

（2）指定阵列的中心点或［基点(B)/旋转轴(A)]：用鼠标在绘图区点击一点作为环形阵列中心点，软件会自动逆时针生成项目数为 6 的环形阵列。

（3）选择夹点以编辑阵列或［关联(AS)/基点(B)/项目(I)/项目间角度(A)/填充角度(F)/行(ROW)/层数(L)/旋转项目(ROT)/退出(X)]：①通过夹点编辑阵列：自动生成的环形阵列中会有中心和源图元上两个方形夹点，以及在逆时针方向上第一个图元和最后一个图元上 2 个箭头型夹点(最后一个箭头型夹点与源图元方形夹点重合)。通过点击并拖动中心处方形夹点，可以控制整体阵列的位置，源图元处的方形夹点可以控制环形阵列的半径。逆时针方向第一个箭头型夹点可以控制项目间的角度，逆时针方向最后一个箭头型夹点可以控制项目数。②通过菜单命令编辑阵列：在命令行输入提示的项目、项目间角度、填充角度、项目数等，进入对应的命令和值，来编辑阵列。

（4）选择夹点以编辑阵列或［关联(AS)/基点(B)/项目(I)/项目间角度(A)/填充角度(F)/行(ROW)/层数(L)/旋转项目(ROT)/退出(X)]：按空格键结束。

注意：①如果想绘制不随环形阵列旋转的环形阵列，只需要输入"ROT"进入旋转项目命令，之后在"是否旋转阵列项目？［是(Y)/否(N)]"提示后输入"N"，即可绘制不随环形阵列旋转的环形阵列，如图 4－6(c)所示。②中望机械 CAD2022 教育版较之前的版本在阵列命令上有较大差别，进入阵列命令后，不会再出现阵列对话框，而是在系统自动创建的阵列上通过基点和对话框命令对阵列进行编辑。

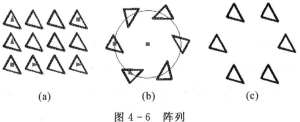

(a)　　　　　　　　(b)　　　　　　　　(c)

图 4－6　阵列

4.6 移动

移动命令可以改变图元在绘图区的绝对坐标,是最常用的命令。移动命令有三种方法:①点击图标或输入简化命令对图元进行移动;②通过剪切、粘贴组合键对图元进行移动;③通过长按鼠标对图元进行移动。

1. 通过下拉菜单,或图标,或输入快捷键对图元进行移动(方法①)

下拉菜单栏操作:修改→移动,或点击修改工具栏图标✛,或输入快捷键"M",即可进入移动命令。命令行显示"命令:_move"。

(1)选择对象:用鼠标点击或框选需要移动的图元,按空格键确定;

(2)指定基点或[位移(D)]〈位移〉:用鼠标在绘图区点击一点作为基点;

(3)指定第二点的位移或者〈使用第一点当作位移〉:用鼠标在绘图区点击确定移动后基点位置。

2. 通过剪切粘贴组合键对图元进行移动(方法②)

选中需要移动的图元后,按"Ctrl+X"键进行剪切,然后按"Ctrl+V"键进行粘贴,拖动鼠标点击一点,确定移动的位置。

3. 通过长按鼠标对图元进行移动(方法③)

选中需要移动的图元后,在图元上长按鼠标左键,拖动到需要移动的位置后松开鼠标。

注意:方法①适合大范围移动,但是操作繁琐;方法②操作便捷,利于提升绘图速度,但是不能够打开正交模式进行绝对水平和垂直的移动;方法③操作方便,适合小范围移动,但是不能够进行较远距离的移动。

4.7 旋转

旋转命令用于将图元旋转一个角度,如图 4-7 所示。

下拉菜单栏操作:修改→旋转,或点击修改工具栏图标〇,或输入快捷键"RO",即可进入旋转命令。命令行显示"命令:_rotate"。

(1)选择对象:用鼠标点选或框选需要旋转的图元,按空格键确定;

(2)指定基点:用鼠标在绘图区点击一点确定为基点;

(3)指定旋转角度或[复制(C)/参照(R)]:在绘图区用鼠标点击旋转的位置,或输入旋转的角度。

注意:①输入的旋转角度为正值,代表图元绕基点逆时针旋转这个角度。②"复制(C)"二级命令,用于保留旋转前的源图元,否则旋转命令默认删除源图元。③"参照(R)"二级命令,用于确定鼠标光标拖动时与旋转图元之间的角度,如果不进行限制,默认是光标与旋转图元平行。

图 4 - 7　旋转

4.8　比例缩放

比例缩放命令用于放大或缩小图元的尺寸。需要注意的是,缩放命令为等比例缩放,如果改变图元的 X 轴方向尺寸,那么 Y 轴方向尺寸也同样会改变。比例缩放示意图如图 4-8 所示。

下拉菜单栏操作:修改→缩放,或点击修改工具栏图标███,或输入快捷键"SC"即可进入缩放命令。命令行显示"命令:_scale"。

(1)选择对象:鼠标点选或框选需要缩放的图元,按空格键确定;

(2)指定基点:用鼠标在图元上或绘图区点击一点作为基点,这里选择矩形左下角点;

(3)指定缩放比例或［复制(C)/参照(R)］:输入"2",按空格键确定。

注意:①缩放比例以"1"为基准,大于 1 为放大,小于 1 为缩小;②"复制(C)"二级命令与旋转命令类似,用于保留原图元;③"参照(R)"二级命令用于指定长度的放大缩小,进入命令后在需要缩放的图元上点击两点作为参照长度,然后用鼠标点击或输入缩放后的长度,按空格键确定,即可完成参照缩放。

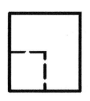

图 4 - 8　比例缩放

4.9　拉伸

拉伸命令有两种作用:①改变图元的 X 轴或 Y 轴方向的尺寸;②当作移动命令使用,对图元施加移动命令。注意:拉伸命令与其他修改命令不同,如果想要拉伸图元,改变图元的 X 或 Y 轴方向的尺寸,只能叉选部分需要拉伸的图元,如果点选,框选或者叉选了整个图元。那么拉伸命令就只能被当作移动命令来使用。拉伸示意图如图 4-9 所示。

下拉菜单栏操作：修改→拉伸，或点击修改工具栏图标｜↟｜，或输入快捷键"S"，即可进入拉伸命令。命令行显示"命令：_stretch"。

(1)选择对象：鼠标叉选矩形右侧两个点，按空格键确定；

(2)指定基点或［位移(D)］〈位移〉：在图元上或绘图区点击一点作为基点；

(3)指定第二点或〈使用第一点作为位移〉：用鼠标在绘图区点击第二点。

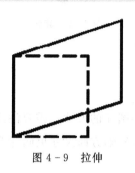

图 4-9 拉伸

4.10 拉长

拉长命令用于将一段线的长度加长或减少。注意：选线的位置就是线要改变的一端。

下拉菜单栏操作：修改→拉长，或输入快捷键"LEN"，即可进入拉长命令。命令行显示"命令：_lengthen"。

1. 任意改变长度

(1)列出选取对象长度或［动态(DY)/递增(DE)/百分比(P)/全部(T)］：输入"DY"；

(2)选取变化对象或［方式(M)/撤销(U)］：用鼠标点选需要拉长的线段；

(3)指定新端点：移动鼠标到新端点点击左键；

(4)选取变化对象或［方式(M)/撤销(U)］：按空格键结束。

2. 指定线段拉长的增量

(1)列出选取对象长度或［动态(DY)/递增(DE)/百分比(P)/全部(T)］：输入"DE"；

(2)输入长度递增量或［角度(A)］：输入"-2"(增量可正可负)；

(3)选取变化对象或［方式(M)/撤销(U)］：用鼠标点选需要拉长的线段，线段长度会加上增量值；

(4)选取变化对象或［方式(M)/撤销(U)］：多次点击，线段长度会加上多个增量值；

(5)选取变化对象或［方式(M)/撤销(U)］：按空格键结束。

3. 按总长的百分比加长或减少

(1)列出选取对象长度或［动态(DY)/递增(DE)/百分比(P)/全部(T)］：输入"P"；

(2)输入长度百分比〈100〉：输入"120"(以 100 为准，大于 100 拉长，小于则缩短)；

（3）选取变化对象或［方式(M)/撤销(U)]：用鼠标点选需要拉长的线段；

（4）选取变化对象或［方式(M)/撤销(U)]：按空格键结束。

4. 指定线段拉长后的总长度

（1）列出选取对象长度或［动态(DY)/递增(DE)/百分比(P)/全部(T)]：输入"T"；

（2）输入总长度或［角度(A)]：输入"30"，拉长后线段总长度30；

（3）选取变化对象或［方式(M)/撤销(U)]：用鼠标点选需要拉长的线段；

（4）选取变化对象或［方式(M)/撤销(U)]：按空格键结束。

4.11　修剪

修剪命令可以将所绘制的图元多余部分删除掉，从而达到准确表达图元信息的目的。如图 4-10 所示，左侧两图为修剪前，右侧为修剪后。

下拉菜单栏操作：修改→修剪，或点击修改工具栏图标 -/--，或输入快捷键"TR"，即可进入修剪命令。命令行显示"命令：_trim"。

（1）选取对象来剪切边界〈全选〉：用鼠标点击或多选边界（边界为与需要修剪的图元有交叉的图线，可以是一条线，圆或多边形等等），按空格键确定；

（2）选择要修剪的实体，或按住 Shift 键选择要延伸的实体，或［边缘模式(E)/围栏(F)/窗交(C)/投影(P)/删除(R)/放弃(U)]：用鼠标点选或多选需要修建的部分；

（3）选择要修剪的实体，或按住 Shift 键选择要延伸的实体，或［边缘模式(E)/围栏(F)/窗交(C)/投影(P)/删除(R)/放弃(U)]：按空格键结束。

注意：①可以在选取剪切边界步骤直接按空格键跳过，软件会自动寻找与被修剪图元最近的交叉图线来作为剪切边界；②在中望 CAD 中修剪命令和延伸命令是互补的，两者可以互相切换着使用，当激活修剪命令后，一直按着 Shift 键可以切换为延伸命令，松开 Shift 键可换回修剪命令，需要注意的是，只有在跳过选择边界的状态下才可以使用。

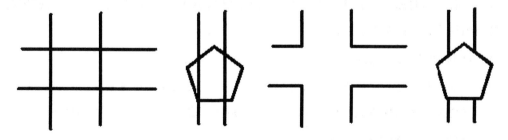

图 4-10　修剪

4.12 延伸

延伸命令就是将图元延长到已经选择的边界或软件自动寻找到的边界,如图 4-11 所示,左图为延伸前,右图为延伸之后。

下拉菜单栏操作:修改→延伸,或点击修改工具栏图标""",或输入快捷键"EX",即可进入延伸命令。命令行显示"命令:_extend"。

(1)选取边界对象作延伸〈回车全选〉:用鼠标选择需要延长到的边界,按空格键确定;

(2)选择要延伸的实体,或按住 Shift 键选择要修剪的实体,或[边缘模式(E)/围栏(F)/窗交(C)/投影(P)/放弃(U)]:用鼠标点选或多选需要延伸的线段;

(3)选择要延伸的实体,或按住 Shift 键选择要修剪的实体,或[边缘模式(E)/围栏(F)/窗交(C)/投影(P)/放弃(U)]:按空格键退出。

图 4-11　延长

4.13 打断、打断于点

打断、打断于点命令用于将一个完整的图元拆分为两个单独的图元。

下拉菜单栏操作:修改→打断,或点击修改工具栏图标□,或输入快捷键"BR",即可进入打断命令。命令行显示"命令:_break"。

注意:打断与打断于点共用一个命令,下拉菜单和快捷键相同,但是修改工具栏图标不同,打断图标为□,打断于点图标为□。

1. 打断(见图 4-12(a))

(1)选取切断对象:用鼠标点选需要切断的图元(鼠标点选的位置默认为第一切断点);

(2)指定第二个切断点或[第一切断点(F)]:用鼠标在图元上点击第二切断点。

2. 打断于点(见图 4-12 (b))

(1)点击修改工具栏图标□:进入打断于点命令;

(2)选取切断对象:用鼠标点选需要切断的图元;

(3)指定第一切断点:用鼠标在图元上点击一点作为切断点。

注意：利用下拉菜单和快捷键的打断命令，同样可以实现打断于点操作，选取切断对象时鼠标点选的位置默认为第一切断点位置，将第二切断点与第一切断点重合，即可实现打断于点操作。

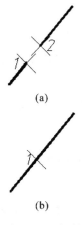

图 4 - 12　打断

4.14　合并

与打断命令相反，合并命令用于将位于同一条直线上的两条线段合并为一条线段，或将多条首尾相连的线段合并为多段线图元。

下拉菜单栏操作：修改→合并，或点击修改工具栏图标，或输入快捷键"JOI"，即可进入合并命令。命令行显示"命令：_join"。

选择源对象或要一次合并的多个对象：用鼠标点选或多选需要合并的图元，按空格键确定。

注意：如果需要将多条首尾相连的线段合并为一条多段线，则需将全部线段选中，并且首尾相连的点必须是系统能够捕捉到的端点，而不是中心点或线上一点。

4.15　倒角

倒角命令用于对相交的两条线段作倒角操作，也可以对相互垂直但不相交的两个图元作连接并倒角的操作。

注意：当设定的倒角距离或圆角的半径大于线段长时，命令无法执行；当设定的倒角距离或圆角的半径很小、线段很长时，屏幕上看不出倒角或圆角。

下拉菜单栏操作：修改→倒角，或点击修改工具栏图标，或输入快捷键"CHA"，即可进入倒角命令。命令行显示"命令：_chamfer"。

1. 按距离倒角(见图 4 - 13(a))

(1)选择第一条直线或[多段线(P)/距离(D)/角度(A)/方式(E)/修剪(T)/多个(M)/放弃(U)]:输入"D";

(2)指定基准对象的倒角距离〈5.0000〉:输入"5",按空格键确定;

(3)指定另一个对象的倒角距离〈5.0000〉:输入"5",按空格键确定;

(4)选择第一条直线或[多段线(P)/距离(D)/角度(A)/方式(E)/修剪(T)/多个(M)/放弃(U)]:用鼠标选择第一条边;

(5)选择第二个对象或按住 Shift 键选择对象以应用角点:用鼠标选择第二条边。

2. 按角度倒角(见图 4 - 13(b))

(1)选择第一条直线或[多段线(P)/距离(D)/角度(A)/方式(E)/修剪(T)/多个(M)/放弃(U)]:输入"A";

(2)指定第一条线的长度〈5.0000〉:输入"5",按空格键确定;

(3)指定第一条线的相对角度〈0〉:输入"30",按空格键确定;

(4)选择第一条直线或[多段线(P)/距离(D)/角度(A)/方式(E)/修剪(T)/多个(M)/放弃(U)]:用鼠标选择第一条边;

(5)选择第二个对象或按住 Shift 键选择对象以应用角点:用鼠标选择第二条边。

3. 给多段线倒多个角(见图 4 - 13(c))

(1)选择第一条直线或[多段线(P)/距离(D)/角度(A)/方式(E)/修剪(T)/多个(M)/放弃(U)]:输入"P";

(2)选取倒角的二维多段线:选择多段线图元。

注意:①多段线倒角会默认延续上一个倒角的参数,需留意命令行"当前设置"后的内容,如需改变倒角参数,可以先进入别的"距离(D)""角度(A)"等二级命令进行设置。②倒角命令默认倒完角后自动退出此命令,如需倒多个角,需进入"多个(M)"二级命令。

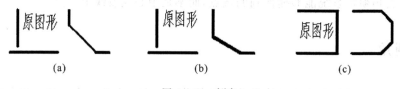

图 4 - 13 倒角

4.16 圆角

圆角命令用于将两条处于相交位置的线段倒圆角,圆角命令与倒角命令在使用方法上比较相似,不同的是倒角生成的是一条线段,而圆角生成的是一段圆弧。

下拉菜单栏操作:修改→圆角,或点击修改工具栏图标，或输入快捷键"F",即可进入命令。命令行显示"命令:_fillet"。

1. 按半径倒圆角(见图 4-14(a))

(1)选取第一个对象或[多段线(P)/半径(R)/修剪(T)/多个(M)/放弃(U)]:输入"R";

(2)圆角半径〈10.0000〉:输入"5",按空格键确定;

(3)选取第一个对象或[多段线(P)/半径(R)/修剪(T)/多个(M)/放弃(U)]:用鼠标点击需要倒圆角的两条相交线段一边;

(4)选择第二个对象或按住 Shift 键选择对象以应用角点:用鼠标选择另外一条边。

2. 不修剪圆角(见图 4-14(b))

(1)选取第一个对象或[多段线(P)/半径(R)/修剪(T)/多个(M)/放弃(U)]:输入"T";

(2)修剪模式:[修剪(T)/不修剪(N)]〈修剪〉:输入"N",按空格键确定;

(3)选取第一个对象或[多段线(P)/半径(R)/修剪(T)/多个(M)/放弃(U)]:用鼠标点击需要倒圆角的两条相交线段一边;

(4)选择第二个对象或按住 Shift 键选择对象以应用角点:用鼠标选择另外一条边。

3. 给多段线倒多个圆角(见图 4-14(c))

(1)选取第一个对象或[多段线(P)/半径(R)/修剪(T)/多个(M)/放弃(U)]:输入"P";

(2)选取圆角的二维多段线:用鼠标选择需要倒圆角的多段线。

图 4-14　圆角

4.17　特性修改

特性修改命令用于修改图元的特性。

通过下拉菜单栏操作:修改→特性,或输入快捷键"PR",即可进入命令。命令行显示"命令:_properties"。

一般情况下,特性栏位于软件界面的最右侧,通常是默认显示的,如不慎关掉,可通过上述操作进行调出。

在特性栏我们可以改变图元的层、颜色、线型、线宽或点等特性,如图 4-15 所示,还可以更改尺寸的数值及公差等,根据所选图元的属性不同,可改变的参数也不同。一般先选中需要修改特性的图元,再在特性栏直接进行修改,然后按"ESC"键结束,取消所选对象。

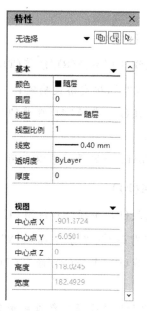

图 4-15　特性栏

4.18　特性匹配

特性匹配命令与办公软件中的"格式刷"命令相似,可以对图元的某些特性进行批量修改。

下拉菜单栏操作:修改→特性匹配,或输入快捷键"MA",即可进入命令。命令行显示"命令:_matchprop"。

(1)选择源对象:选择样板图元(将它的特性信息作为样板复制到其他图元上);

(2)选择目标对象或[设置(S)]:输入"S",打开特性设置对话框如图 4-16 所示,勾选需要复制的特性,点击确定按钮;

(3)选择目标对象或[设置(S)]:用鼠标选择目标对象,按空格键退出。

图 4-16　特性设置对话框

4.19　分解

分解命令用于将图形分解。可分解的图形有多段线、矩形、多边形、块、填充的图案、尺寸块及插入的图形等。用该命令点击图形后,图线即变成各自独立的部分。

下拉菜单栏操作:修改→分解,或点击修改工具栏图标 ,或输入快捷键"X",即可进入命令。命令行显示"命令:_explode"。

选择对象:用鼠标点击需要分解的图元,按空格键确定。

第5章

设置命令

本章主要介绍需要进行相关设置的绘图命令及设置命令。在中望 CAD 的主菜单中，点击格式菜单栏，可打开下拉菜单（如图 5-1 所示）进行格式设置。在工具栏中也有修改 II 工具栏，如图 5-2 所示。选取修改菜单栏，打开其下拉菜单，点出对象的下一级菜单，如图 5-3 所示，可选取修改命令。修改 II 工具栏与修改对象下拉菜单的内容不完全相同。

图 5-1　格式下拉菜单　　　　图 5-2　修改 II 工具栏

图 5-3 修改对象下拉菜单

5.1 设置文字样式

在一幅图中常常要用多种字体,系统默认的文字样式是"Standard",但这种文字样式不符合国标要求,通常需要我们重新设置文字样式。通过下拉菜单栏操作:格式→文字样式,或者输入快捷键"ST",可打开文字样式管理器,如图 5-4 所示。点击"新建(N)"按钮并起名字,再点击文本字体下的"□",在其中选取所需字体即可创建自定义文字样式,同时可设置字体的高度、方向、宽度和倾斜角等。设置结束时点击"应用(A)"按钮。

绘图常用的字体为工程字体。新建文字样式并命名"国标"。在文本字体下名称(M)处选取字体"gbeitc.shx",在大字体(I)处选取字体"GBCBIG.SHX",点击"应用(A)"按钮,最后点击"确定"按钮。这是中望 CAD 中符合中国国标的字体,可同时书写汉字、数字、Φ 等符号。

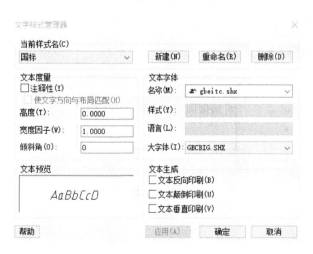

图 5-4 字体设置对话框

5.2 文字输入

文字输入可分为多行文字输入和单行文字输入。使用多行文字命令输入的文字是一个整体的图元,每个字的高度、颜色等都可以修改;使用单行文字命令输入的文字,每一行都是一个单独的图元,并且不能单独修改每个字的信息。

1. 多行文字

多行文字命令主要用于在表格或方框中打字,先选定要书写文字范围的两对角点,出现文本格式工具条,如图 5-5 所示(在输入汉字前注意更改输入法)。中望 CAD 的对话框带有类似 Word 一样的文字编辑功能,可设置文字书写时的位置、给文字加粗、加下划线等。

图 5-5 文本格式对话框

下拉菜单栏操作:绘图→文字→多行文字,或点击绘图工具栏图标,或输入快捷键"T",即可进入多行文字命令。命令行显示"命令:_mtext   当前文字样式:国标   文字高度:2.5   注释性:否"。

(1)指定第一角点:用鼠标在绘图区点击一点,确定多行文字文本输入框一个角的位置;

(2)指定对角点或[对齐方式(J)/行距(L)/旋转(R)/样式(S)/字高(H)/方向(D)/字宽(W)/列(C)]:用鼠标在绘图区再点击一点,确定文本输入框对角的位置;

(3)在文本输入框中输入文字:机械制图   1234   ABCD;

(4)输入完成后,点击文本格式对话框右上角"OK"按钮退出编辑,或者用鼠标在输入框外绘图区的空白处任意点击一下,即可退出多行文字编辑。

多行文字输入如图 5-6 所示。

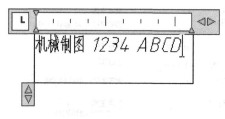

图 5-6 多行文字输入

2. 单行文字

单行文字书写位置较灵活,所点位置即为书写位置。

下拉菜单栏操作:绘图→文字→多行文字,或输入快捷键"DT",即可进入单行文字命令。命令行显示"命令：_text　当前文字样式：国标　文字高度：2.5　注释性：否"。

(1)指定文字的起点或［对正(J)/样式(S)］：在绘图区用鼠标点击一点，或输入坐标，确定文字的起点；

(2)指定文字高度〈2.5〉：输入"3"，按空格键确定；

(3)指定文字的旋转角度〈0〉：按空格键跳过，默认为 0°；

(4)输入文字：1234 回车，再输入 ABCD；

(5)文字输入完成后，点击绘图区空白部分任意一点，再按"ESC"键退出。

单行文字输入如图 5-7 所示。

注意：单行文字输入过程中按"回车"键会换行，但是下一行文字为一个新的单行文字图元，与上一行相互独立。

1234
ABCD

图 5-7　单行文字

5.3　修改文字

无论是多行文字还是单行文字，我们都可以通过双击已经编辑好的文字图元重新进行编辑和修改。

1. 多行文字修改

多行文字编辑好后可双击已经编辑好的图元，重新激活编辑状态，进行重新输入或编辑，如果需要对某些字进行修改，可以先用鼠标选中，再通过上方的文本格式对话框进行修改。也可以单击编辑好的多行文字图元，在最右侧的特性栏进行整个图元样式的修改。

2. 单行文字修改

单行文字编辑好后同样可双击已经编辑好的图元，在弹出的文字标注对话框中进行文字修改，如图 5-8 所示，在标注内容处可修改文本内容，在下方的选项中还可修改文字高度、旋转角度、宽度比例、文字样式、对齐方式等。同样，用鼠标单击单行文字图元，也可以在最右侧的特性栏进行整个图元样式的修改。注意，单行文字不能对部分文字进行样式修改。

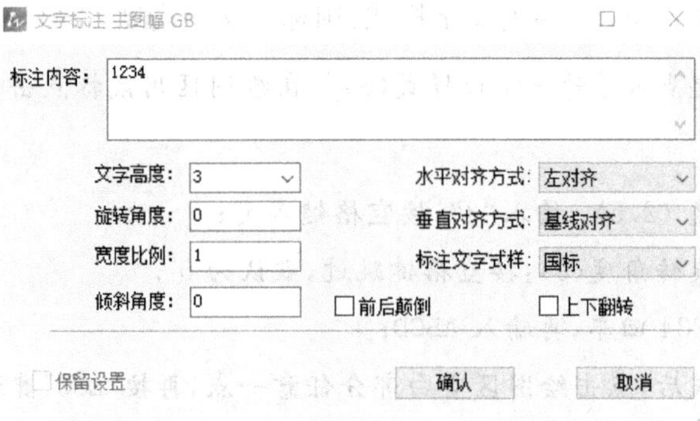

图 5-8　文字标注对话框

5.4　点的样式

中望 CAD 可以点的样式。用户可根据需要,在对话框中选取不同的点的样式,并可按屏幕或绝对比例设置其大小,最后点击"确定"结束。如图 5-9 所示。

下拉菜单栏操作:格式→点样式。命令行显示"命令:_ddptype"。

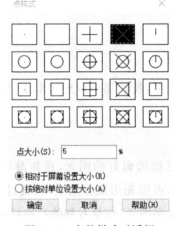

图 5-9　点的样式对话框

5.5　画点

画点命令可以按设置的点类型画点。

下拉菜单栏操作:绘图→点→单点,或输入快捷键"PO",即可进入点命令。命令行显示"命令:_point"。

指定点定位或[设置(S)/多次(M)]:用鼠标在绘图区点击一点,或输入坐标值,确定点的位置。

注意:单点命令确定完一点后会自动退出命令,如果需要绘制多个点,可以在绘图下拉菜单单点二级菜单进入多点命令;也可以点击绘图工具栏 ⋯ 图标直接进入多点命令;或者在命令行输入"M"也可以绘制多点,按空格键退出。

5.6　定数等分

定数等分命令可以将点按需要的数量插入到图元上,方便后续作辅助线或分割图元使用。通常用定数等分来分割线段、圆、多边形等一次绘制的图形,如图 5-10 所示。

下拉菜单栏操作:绘图→点→定数等分,或输入快捷键"DIV",即可进入定数等分命令。命令行显示"命令:_divide"。

(1)选取分割对象:用鼠标点击需要被定数等分的对象;

(2)输入分段数或 [块(B)]:输入"5",按空格键确定。

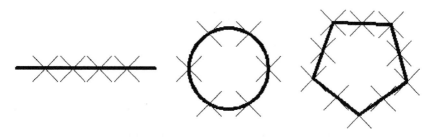

图 5-10　定数等分

5.7　定距等分

与定数等分类似,定距等分是按长度测量等分图元,如图 5-11 所示。

下拉菜单栏操作:绘图→点→定距等分,或输入快捷键"ME",即可进入定距等分命令。命令行显示"命令:_measure"。

(1)选取量测对象:用鼠标点击选中需要定距等分的图元;

(2)指定分段长度或 [块(B)]:输入"5",按空格确定。

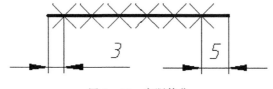

图 5-11　定距等分

注意:①定数等分和定距等分命令识别距离的方式以图元为单位,如果用在了有多条线段的多段线上,系统会自动以图元的整体长度进行等分,而不是以某条线段进行等分。②当图元不能够恰好被定距等分时,最后一段距离将不是所输入的数值。但我们可以决定从哪一端开始按输入的数值等分。选取量测对象时,用鼠标点击线段中心点左侧,则从左侧开始按输入的数值等分。同理,点击在中心点右侧,则从右侧开始等分。

5.8　多线样式

中望 CAD 提供多线样式设置,通过多线样式设置可改变所绘制多线的线数、间距及线型。用户不能修改系统自带的 Standard 多线或其他已经使用的多线。其对话框如图 5-12 所示。

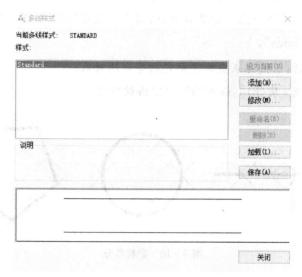

图 5-12　多线样式对话框

下拉菜单栏操作:格式→多线样式,即可打开多线样式对话框。命令行显示"命令:_mlstyle"。

(1)选择"添加",输入名称,如图 5-13 所示;

(2)选择"继续",出现编辑多线样式的对话框,如图 5-14 所示;

(3)设置"偏移""线型""颜色"、封口等。

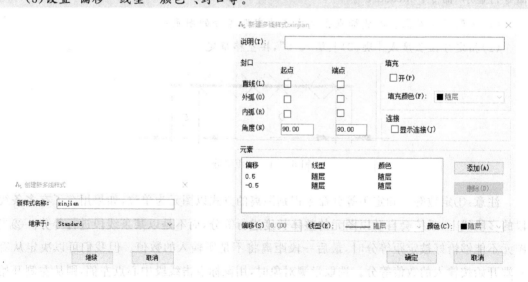

图 5-13　新建多线样式　　　　　　　图 5-14　编辑多线样式对话框

5.9　绘制多线

多线命令可以同时绘制两条或多条相互平行的线段。系统默认的多线样式为双结构线,多用于画建筑结构图。

下拉菜单栏操作:绘图→多线,或输入快捷键"ML",即可进入多线命令。命令行显示"命令:_mline"。

1. 绘制以鼠标光标为中心点的多线(见图 5 - 15(a))

(1)指定起点或[对正(J)/比例(S)/样式(ST)]:输入"J";

(2)输入对正类型[上(T)/无(Z)/下(B)]:输入"Z";

(3)指定起点或[对正(J)/比例(S)/样式(ST)]:用鼠标点击一点,或输入精确坐标,确定射线起点位置;

(4)指定下一点:拖动鼠标点击第二点或输入第二点相对坐标;

(5)指定下一点或[撤销(U)]:按空格键结束。

2. 绘制闭合矩形多线框(见图 5 - 15(b))

(1)指定起点或[对正(J)/比例(S)/样式(ST)]:用鼠标点击确定矩形一角点;

(2)指定下一点:继续用鼠标点击接下来的三个矩形角点;

(3)指定下一点或[闭合(C)/撤销(U)]:不要点击最初始的点,输入"C"自动闭合。

也可以通过手动方式进行闭合操作。使用多线命令绘制完矩形后,双击绘制的矩形,选择"角点结合"再一次点击没有闭合角两边的多线,即可实现手动闭合。

3. 绘制端口闭合的多线(见图 5 - 15(c))

(1)添加多线样式:格式→多线样式→添加,然后输入新样式名称"123",勾选直线后起点和端点封口的选项框;

(2)进入多线命令:绘图→多线;

(3)指定起点或[对正(J)/比例(S)/样式(ST)]:输入"ST";

(4)输入多线样式名或[?]:输入样式名"123";

(5)指定起点或[对正(J)/比例(S)/样式(ST)]:鼠标点击一点确定起点;

(6)指定下一点:拖动鼠标点击终点;

(7)指定下一点或[撤销(U)]:按空格结束。

比例(S)二级命令主要控制多线的两条平行线之间的宽度,这里不再详细叙述。

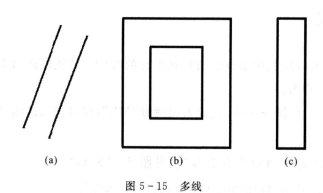

(a)   (b)   (c)

图 5-15   多线

5.10   修改多线

多线绘制好后可以对多线进行编辑和修改，修改有多种方式。

(1)通过最右侧的特性栏进行编辑。可修改多线的颜色、图层、线型、线宽、对正等。

(2)通过多线编辑工具对话框进行修改。多线编辑工具对话框可以通过下拉菜单"修改→对象→多线"打开，也可以用鼠标双击一条已绘制好的多线打开，对话框如图 5-16 所示。在对话框中选取要修改的形式，再根据系统提示，用鼠标选择第一条多线和第二条多线，按空格键退出，即可实现多线的修改。常用的多线编辑方式有十字闭合、打开、合并、T 形闭合、打开、合并，角点结合等。

图 5-16   多线编辑工具对话框

5.11 样条曲线

样条曲线命令可用来绘制样条曲线。

下拉菜单栏操作:绘图→样条曲线,或点击绘图工具栏图标 ▲,或输入快捷键"SPL",即可进入样条曲线命令。命令行显示"命令:_spline"。

1. 用鼠标绘制一条样条曲线(见图 5-17(a))

(1)指定第一个点或[对象(O)]:用鼠标在绘图区任意点击一点;

(2)指定下一点:用鼠标继续在绘图区点击一点;

(3)指定下一点或[闭合(C)/拟合公差(F)/放弃(U)]〈起点切向〉:继续用鼠标点击;

(4)指定下一点或[闭合(C)/拟合公差(F)/放弃(U)]〈起点切向〉:继续用鼠标点击,按空格键进入下一步;

(5)指定起点切向:拖动鼠标控制起点切向,用鼠标点击一点确定切向,或按空格键跳过;

(6)指定端点切向:拖动鼠标控制端点切向,用鼠标点击一点确定切向,或按空格键跳过。

2. 绘制一条闭合的样条曲线(见图 5-17(b))

(1)指定第一个点或[对象(O)]:用鼠标在绘图区任意点击一点;

(2)指定下一点:用鼠标继续在绘图区点击一点;

(3)指定下一点或[闭合(C)/拟合公差(F)/放弃(U)]〈起点切向〉:继续用鼠标点击;

(4)指定下一点或[闭合(C)/拟合公差(F)/放弃(U)]〈起点切向〉:继续用鼠标点击;

(5)指定下一点或[闭合(C)/拟合公差(F)/放弃(U)]〈起点切向〉:继续用鼠标点击;

(6)指定下一点或[闭合(C)/拟合公差(F)/放弃(U)]〈起点切向〉:继续用鼠标点击;

(7)指定下一点或[闭合(C)/拟合公差(F)/放弃(U)]〈起点切向〉:输入"C",按空格键确定;

(8)指定切向:拖动鼠标控制起点切向,用鼠标点击一点确定切向,或按空格键跳过。

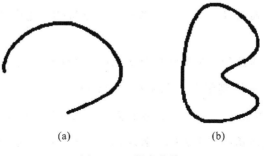

(a)   (b)

图 5-17 样条曲线

5.12　修改样条曲线

选取已绘制的样条曲线,键入选项,更改图形。用户可将样条曲线闭合或改变节点。以下为移动样条曲线节点的例子。

打开样条曲线编辑命令,下拉菜单栏操作:修改→对象→样条曲线,或双击已经绘制的样条曲线,即可进入修改样条命令。命令行显示:"命令:_splinedit"。

(1)选择样条曲线:用鼠标点击需要修改的样条曲线;

(2)输入选项[拟合数据(F)/打开(O)/移动顶点(M)/转换为多段线(P)/精度(R)/反向(E)/撤销(U)/退出(X)]:输入 M,按空格键确定;

(3)指定新位置或[下一个(N)/上一个(P)/选择点(S)/退出(X)]〈下一个〉:空格键跳过;

(4)指定新位置或[下一个(N)/上一个(P)/选择点(S)/退出(X)]〈下一个〉:拖动鼠标点击确定新位置;

(5)指定新位置或[下一个(N)/上一个(P)/选择点(S)/退出(X)]〈下一个〉:输入"X"退出;

(6)输入选项[拟合数据(F)/打开(O)/移动顶点(M)/转换为多段线(P)/精度(R)/反向(E)/撤销(U)/退出(X)]〈退出〉:按空格键退出。

5.13　多段线

多段线和多条直线连起来的图形外表看上去无区别,不同的是多段线为一个图元,选中多段线中任意一段即可选中全部线段,而多段直线由多个图元组成,每一段线段都是独立的。多段线可用来绘制有宽度的线或圆弧。

下拉菜单栏操作:绘图→多段线,或点击绘图工具栏图标，或输入快捷键"PL",即可进入多段线命令。命令行显示"命令:_pline"。

1. 绘制任意多段线(见图 5-18(a))

(1)指定多段线的起点或〈最后点〉:用鼠标点击一点或输入精确坐标;

(2)指定下一点或[圆弧(A)/半宽(H)/长度(L)/撤销(U)/宽度(W)]:拖动鼠标依次点击第二点、第三点……

(3)指定下一点或[圆弧(A)/半宽(H)/长度(L)/撤销(U)/宽度(W)]:按空格键结束。

2. 利用多段线线宽绘制箭头(见图 5-18(b))

(1)指定多段线的起点或〈最后点〉:用鼠标点击一点或输入精确坐标;

(2)指定下一点或[圆弧(A)/半宽(H)/长度(L)/撤销(U)/宽度(W)]:输入"W";

(3)指定起始宽度:输入 0,按空格键切换;

(4)指定终止宽度:输入 30,按空格键;

(5)指定下一点或[圆弧(A)/半宽(H)/长度(L)/撤销(U)/宽度(W)]:拖动鼠标点击确定终点位置;

(6)指定下一点或[圆弧(A)/半宽(H)/长度(L)/撤销(U)/宽度(W)]:按空格键结束。

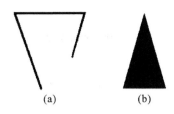

(a)　　　　　　　(b)

图 5-18　多段线

5.14　修改多段线

选取已绘制的多段线,键入选项,更改其图形。可将多段线闭合或打开;将两条或多条头尾相接的多段线连接成一条;改变多段线的宽度或节点;将多段线圆弧拟合或样条拟合;将拟合的多段线恢复成直线等。

打开多段线编辑命令,下拉菜单栏操作:修改→对象→多段线,或双击已经绘制的多段线,即可进入修改多段线命令。命令行显示:"命令:_pedit"。

1. 多段线连接

将三条头尾相接的多段线连接成一条,如图 5-19(a)所示。

(1)选择要编辑的多段线或[多个(M)]:用鼠标点选需要链接的多段线;

(2)输入选项 [闭合(C)/打开(O)/连接(J)/宽度(W)/拟合(F)/样条曲线(S)/非曲线化(D)/线型模式(L)/反向(R)/撤销(U)]:输入"J",按空格键确定;

(3)选择对象:用鼠标点选或框选三条首尾相连的多段线,按空格键确定;

(4)输入选项 [闭合(C)/打开(O)/连接(J)/宽度(W)/拟合(F)/样条曲线(S)/非曲线化(D)/线型模式(L)/反向(R)/撤销(U)]〈退出〉:按空格键退出。

2. 拟合

将多段线样条拟合,如图 5-19(b)所示。

(1)选择要编辑的多段线或[多个(M)]:用鼠标点选需要样条拟合的多段线;

(2)输入选项 [闭合(C)/打开(O)/连接(J)/宽度(W)/拟合(F)/样条曲线(S)/非曲线化(D)/线型模式(L)/反向(R)/撤销(U)]:输入"S",按空格键确定;

(3)输入选项 [闭合(C)/打开(O)/连接(J)/宽度(W)/拟合(F)/样条曲线(S)/非曲线化(D)/线型模式(L)/反向(R)/撤销(U)]〈退出〉:按空格键退出。

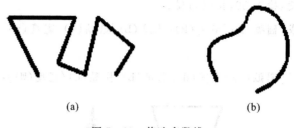

(a)   (b)

图 5-19　修改多段线

5.15　图案填充

图案填充是用于填充各种剖面图案、剖面线的命令。图案填充对话框如图 5-20 所示，包括设置图案类型、图案的比例和角度、用户定义图案的间距、要填充图案的区域、确定区域的选择方式（可拾取点或选择图元边界）等。拾取点选择时，只能选取闭合状态下的图元，如果图元有缺口，将会报错。如果要填充有缺口的图元，可以采取边界面板框中选择对象的方式进行填充。

图 5-20　图案填充对话框

下拉菜单栏操作：绘图→多段线，或点击绘图工具栏图标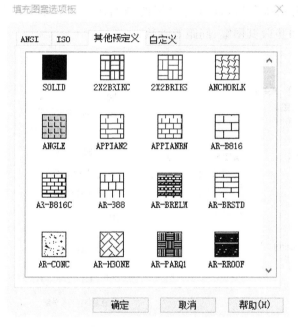（此处省略），或输入快捷键"H"，即可弹出图案填充对话框。命令行显示"命令：_bhatch"。

1. 选择库存预定义图案填充

（1）在填充对话框中对进行设置，类型选择预定义，点击样例后的图案可打开填充图案选项板，如图 5-21 所示；

（2）选择需要的填充图案，按确定键；

（3）在填充对话框中设置图案的角度和比例；

（4）点击边界面板框中"添加：拾取点"按钮，在需要填充图案的封闭图元内点击一点；

（5）拾取内部点或［选择对象(S)/删除边界(B)/放弃(U)］：按空格键跳过；

（6）在再次弹出的图案填充对话框中点击确定键，或直接按空格键确定。

图 5-21　填充图案选项板

2. 用户定义填充（见图 5-22）

（1）在填充对话框中对进行设置，类型选择用户定义；

（2）设置填充图案的颜色，角度和间距；

（3）勾选双向按钮；

（4）点击边界面板框中"添加：拾取点"按钮，在需要填充图案的封闭图元内点击一点；

（5）拾取内部点或［选择对象(S)/删除边界(B)/放弃(U)］：按空格键跳过；

（6）在再次弹出的图案填充对话框中点击确定键或直接按空格确定。

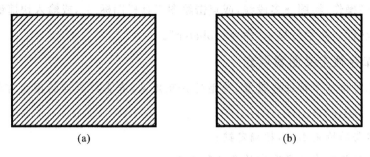

(a)   (b)

图 5-22 图案填充示例

5.16　修改图案填充

执行修改图案填充命令后,选取已绘制的剖面图案,出现图案填充编辑对话框如图 5-23所示。该命令可更改其图案、间距等参数。

图 5-23　修改图案对话

下拉菜单栏操作：修改→对象→图案填充，或输入快捷键"HE"，再点击已绘制的填充图案；或者直接鼠标双击已绘制的需要修改的填充图案，即可弹出图案填充对话框。命令行显示"命令：_hatchedit"。

(1)选择填充对象：选取已经绘制好的填充图案；

(2)在弹出的填充对话框中重新设置比例；

(3)点击确定按钮。

以下为更改上图绘制的剖面图案的间距的例子，如图 5-24 所示。

 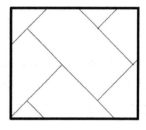

图 5-24　修改图案间距

如果仅需要对填充图案的线型、线宽、颜色等进行修改，可用鼠标左键单击需要修改的图案，在右侧的特性栏直接进行修改。

第6章

尺寸标注

本章主要介绍尺寸标注及其修改命令。尺寸标注分为三部分:尺寸样式设置、尺寸标注和修改尺寸。在中望 CAD 的主菜单中,选取尺寸标注项,即打开其下拉菜单,如图 6-1 所示。尺寸标注的图形工具条如图 6-2 所示。

图 6-1 尺寸标注下拉菜单　　图 6-2 尺寸标注工具条

6.1　尺寸标注样式

标注尺寸时,应按国家标准规定的尺寸样式预先设置尺寸数字的大小和方向、尺寸箭头的长短、尺寸界线、尺寸线等相关参数。

在标注(Dim)命令下键入 Status 即可显示全部尺寸变量(详见附录)。

命令：Dim ↵

标注：Status ↵

(自动显示如下)

标注命令：status

标注样式：ISO‐25 的变量包含：

DIMADEC	= 0	设置角度标注精度
DIMALT	= Off	设置换算单位标注
DIMALTD	= 3	换算标注的小数位数
DIMALTMZF	= 100.000000	公制标注的换算子零因子
DIMALTMZS	=	公制标注的换算子零后缀
DIMALTF	= 0.039370	换算单位的比例因子
DIMALTRND	= 0.000000	换算单位的舍入系数

……

操作：标注→样式 ↱ 。

命令：_ddim

系统将显示如图 6‐3 所示的尺寸标注样式管理器。这里我们可以选择将系统默认的 ISO‐25 样式或国标样式作为基本模式进行修改,也可以新建尺寸标注样式。

选择新建尺寸标注样式,出现如图 6‐4 所示的对话框,选择或填写名称后(注意填写名称时,若新名称中含有冒号,则必须为中文形式下的冒号),点击各选项,即可进行设置。在所有标注下设置的变量,对所有标注均有效。除此之外,我们也可以对每种标注分别独立设置参数,如对直径、半径、角度可以单独设置,从而可以构造尺寸样式的子样式,以解决不同标注命令的需求。

点击"继续"按钮,显示设置标注样式的对话框,如图 6‐5 所示,这里包括标注线、符号和箭头、文字、调整、主单位、换算单位、公差七大类参数,每个参数设置都有一个相应的对话框。

为标注方便,中望 CAD 提供键盘上没有的特殊字符的输入：

%%d 是绘制"℃"符号,例如 98.6℃ 应输入 98.6%%dC;%%c 是绘制圆直径"φ"符号,例如：φ30 应输入 %%c30;%%p 是绘制"±"符号,例如：±0.005 应输入 %%p0.005。

以下根据我国机械制图国家标准的有关规定对这些变量进行设置。

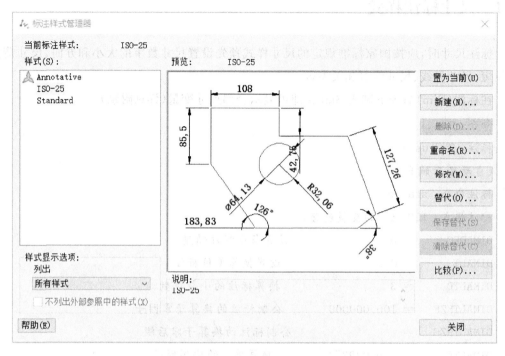

图 6-3　尺寸标注样式管理器

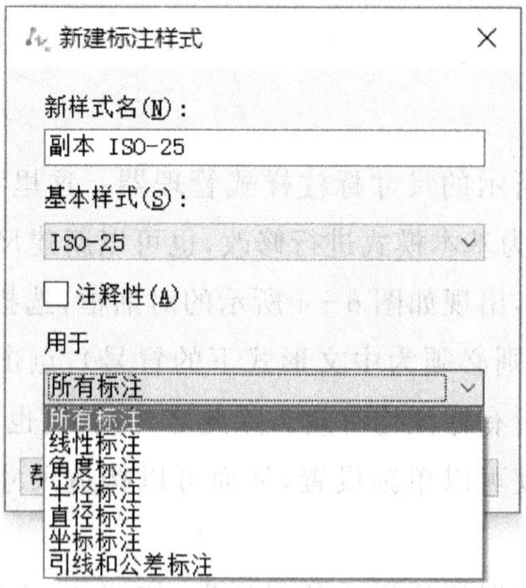

图 6-4　新建标注样式对话框

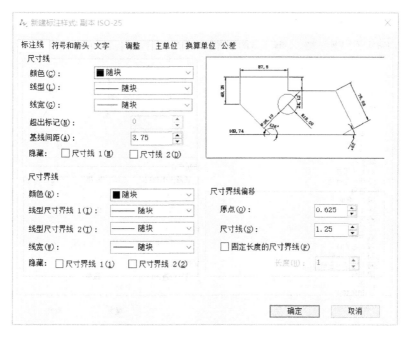

图 6-5　线对话框

1. 线设置

(1)将尺寸线中的基线间距设置为 6~10。

(2)将尺寸界线中的超出尺寸线设置为 2~3。

(3)将尺寸界线中起点偏移量设置为 0(建筑图为 5~10)。

若为建筑图,则:

(1)将尺寸线中的基线间距(第一条尺寸线到第二条尺寸线的距离)设置为 7~10。

(2)将尺寸界线偏移中的原点(尺寸界限距离图样轮廓线的距离,制图标准中为不大于 2)、尺寸线(尺寸界限和尺寸线交点后面末端的距离,制图标准中为 2~3)均设置为 3。

(3)勾选固定长度的尺寸界限,将长度调整为 7。

2. 箭头设置

(1) 将箭头大小设置为 4~5。

(2) 在箭头后的第一个下拉菜单中点取所需箭头形式,如图 6-6 所示,一般机械图选取"实心闭合"(建筑图为建筑标记)。当要求两端箭头不一致时,在箭头后的"第二个"选择栏中选取,而第一个箭头不会改变。

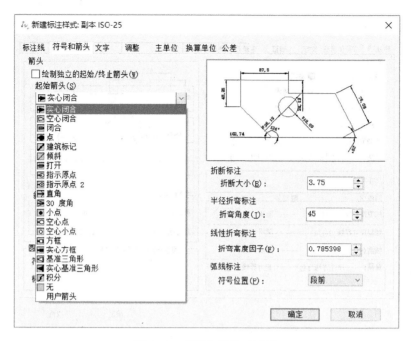

图 6-6　符号和箭头对话框

3. 文字设置

文字对话框中可设置文字样式(字型)、文字高度、文字位置、文字方向等参数,如图 6-7 所示。

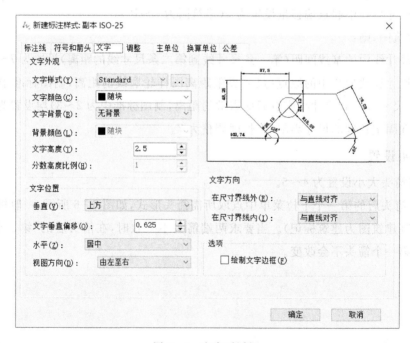

图 6-7　文字对话框

（1）将文字样式设置为标准字体"Standard"，不能设成一般汉字，否则无法标注直径"φ"。

（2）将文字高度设置为 3.5 或 5。

（3）将文字位置设为"上方"。

（4）文字方向按默认"与直线对齐"，即随尺寸线方向变化。直径和半径设为"ISO 标准"（即数字在外时水平），角度标注必须设置为"水平"，文字位置设为"水平居中"（机械制图国家标准）。

4. 调整

调整对话框中可调整文字位置等，如图 6-8 所示。直径标注设置为"文字或箭头在内"，文字位置可以设置为"标注时手动放置文字位置"。

"调整"中可以选择"文字始终保持在尺寸线之间"的调整方式，文字选择"尺寸线上方，不加引线"。这样的设定是防止标注文字比标注尺寸大的时候，标注出的数字会自动调整位置。按照实际情况通常手动调整更加方便美观，可根据绘图要求设置全局比例。

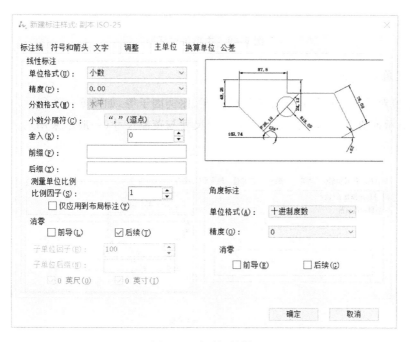

图 6-8　调整对话框

5. 主单位设置

主单位对话框中可设置尺寸数字的精度、比例因子等，如图 6-9 所示。

（1）将尺寸数字的精度设置为"0"（一般精确到整数）。

（2）当图样不是按 1∶1 绘制时，改变比例因子以便自动标注的数值与实际尺寸一致。如当图样按 1∶100 绘制时，改变比例因子为 100；当图样按 2∶1 绘制时，改变比例因子为 0.5。

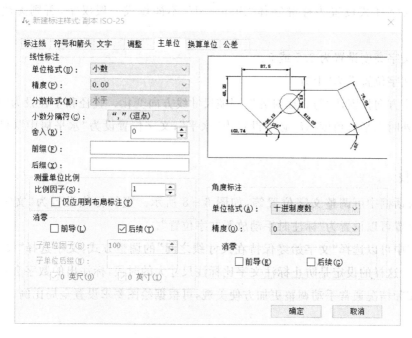

图 6-9　主单位对话框

6. 换算单位设置

换算单位对话框中可设置换算单位的精度、比例因子等,如图 6-10 所示。勾选"显示换算单位",将同时标注十进制尺寸与英制尺寸(一般不采用)。

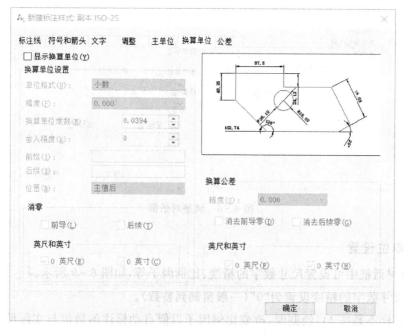

图 6-10　设置换算单位对话框

7. 公差设置

公差对话框中可设置尺寸公差的方式、精度、高度、比例因子等，如图 6 - 11 所示。

(1)设置公差的标注方式为按极限偏差或极限尺寸。

(2)设置公差的精度为 0.000。

(3)设置公差文字高度比例因子为 0.7。

(4)需要时设置公差的前缀或后缀。

如使用公差，将对所有尺寸都加注同样的公差，必须逐个修改，很不方便。如需要加注公差的尺寸很少，可用文字标注。

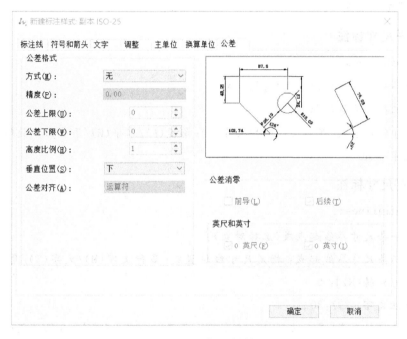

图 6 - 11　公差对话框

注意：将尺寸样式设置在样板图里，不用每次都进行设置。标注尺寸前打开捕捉交点，全部用鼠标准确点选标注位置。

6.2　快速标注

选择要标注的几何图形，可以快速标注水平尺寸或垂直尺寸，还可以同时标注一个物体的多个尺寸。

操作：标注→快速标注 ⊢•⊣ 。

命令：_qdim

选择要标注的几何图形:找到 1 个(可框选需要标注的图源)

选择要标注的几何图形：↵

指定尺寸线位置或［连续(C)/并列(S)/基线(B)/坐标(O)/半径(R)/直径(D)/基准点(P)/编辑(E)]〈连续〉：（自动测定标注）

6.3 线性尺寸标注

线性尺寸标注命令用于标注水平尺寸或垂直尺寸，如需修改尺寸数字，可以选中标注图源，然后在右侧的特性栏文字代替文本框中输入需要的尺寸数字即可，如图 6-12 所示。

操作：标注→线性 ⊢⊣ 。

1. 水平尺寸标注

命令：_dimlinear

指定第一条尺寸界线起点或〈选择对象〉：

指定第二条尺寸界线起点：

指定尺寸线位置或［多行文字(M)/文字(T)/角度(A)/水平(H)/垂直(V)/旋转(R)]：

标注文字 =60

2. 垂直尺寸标注

命令：_dimlinear

指定第一条尺寸界线起点或〈选择对象〉：

指定第二条尺寸界线起点：指定尺寸线位置或［多行文字(M)/文字(T)/角度(A)/水平(H)/垂直(V)/旋转(R)]：t↵

输入标注文字〈29〉：30 ↵

指定尺寸线位置或［多行文字(M)/文字(T)/角度(A)/水平(H)/垂直(V)/旋转(R)]：

标注文字 =30

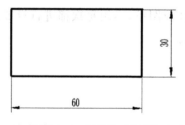

图 6-12 线性尺寸标注

6.4 对齐尺寸标注

对齐尺寸标注命令用于标注与任意两点平行的尺寸，主要用于标注倾斜的尺寸，如图 6-13所示。

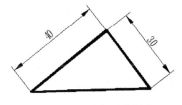

图 6-13　对齐尺寸标注

操作:标注→对齐 。

命令:_dimaligned
指定第一条尺寸界线起点或〈选择对象〉:
指定第二条尺寸界线起点:
指定尺寸线位置或[角度(A)/多行文字(M)/文字(T)]:
标注注释文字 =40

6.5　坐标尺寸标注

该命令用于标注任意点的坐标差的尺寸,可用于标高,如图6-14所示。

操作:标注→坐标 。

命令:_dimordinate
指定点坐标:(选取起点)
指定引线端点或[文字(T)/多行文字(M)/角度(A)/X 基准(X)/Y 基准(Y)]:x ↲(x 向)
指定引线端点或[文字(T)/多行文字(M)/角度(A)/X 基准(X)/Y 基准(Y)]:(选终点)
(标注注释文字 = 863.35)
命令:_dimordinate
指定点坐标:(选取起点)
指定引线端点或[文字(T)/多行文字(M)/角度(A)/X 基准(X)/Y 基准(Y)]:y ↲(y 向)
指定引线端点或[文字(T)/多行文字(M)/角度(A)/X 基准(X)/Y 基准(Y)]:(选终点)
(标注注释文字 = 596.64)

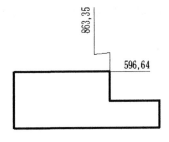

图 6-14　坐标尺寸标注

91

6.6　半径尺寸标注

1. 标注半径

半径标注命令用于在圆或圆弧上标注半径尺寸,如图 6 - 15(a)所示。

操作:标注→半径◎。

命令:_dimradius

选择圆弧或圆:

标注注释文字 = 16

指定尺寸线位置或[角度(A)/多行文字(M)/文字(T)]:

2. 标注折弯

折弯标注命令用于在大圆弧上标注半径尺寸,如图 6 - 15(b)所示。

操作:标注→折弯↗。

命令:_dimjogged

选择圆弧或圆:

指定图示中心位置:

标注注释文字 = 26

指定尺寸线位置或[角度(A)/多行文字(M)/文字(T)]:

指定折弯位置:

(a)　　　　　　　　　(b)

图 6 - 15

6.7　直径尺寸标注

直径尺寸标注命令用于在圆或圆弧上标注直径尺寸,如图 6 - 16 所示。

操作:标注→直径◎。

命令:_dimdiameter

选择圆弧或圆:

标注注释文字 =50

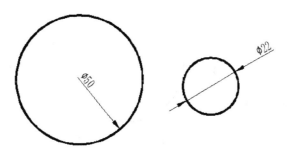

图 6 - 16　直径尺寸标注

6.8　角度、弧长标注

角度、弧长标注命令用于标注两条线之间的角度或圆弧的角度。

操作:标注→角度 ◿ 。

1. 在两条直线之间标注角度(见图 6 - 17(a))

角度标注可以标注四个象限的角度,鼠标放在不同象限,可以标注不同的角度。

命令:_dimangular

选择直线、圆弧、圆或〈指定顶点〉:

选取角度标注的另一条直线:

指定标注弧线的位置或 [多行文字(M)/文字(T)/角度(A)]:

标注注释文字＝30

(拖动鼠标,可以标注两条直线的对角、补角)

2. 标注弧的角度或圆的部分角度(见图 6 - 17(b))

命令:_dimangular

选择直线、圆弧、圆或〈指定顶点〉:

指定标注弧线的位置或 [多行文字(M)/文字(T)/角度(A)]:

标注注释文字＝130

3. 标注弧的长度(见图 6 - 17(b))

需要注意,弧长标注不能使用连续标注和基线标注。

命令:_dimarc

选择弧线段或多段线弧线段:

指定弧长标注的位置或 [部分(P)/引线(L)/角度(A)/文字(T)/多行文字(M)]:

标注注释文字 ＝ 42.5

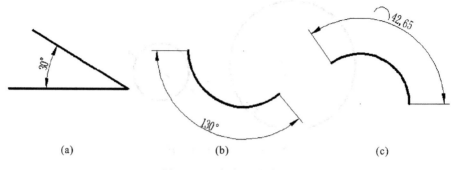

（a）　　　　　　　　　　（b）　　　　　　　　　　（c）

图 6 - 17　角度、弧长标注

6.9　基线尺寸标注

在标注基线尺寸之前,要先标注一个水平尺寸、垂直尺寸或角度尺寸,然后才能使用基线尺寸命令。在标注时以第一个尺寸的第一条尺寸界线为基准,只选第二个尺寸的终点,连续标注同一方向尺寸。

操作:标注→基线 ▐ 。

1. 先标注一水平尺寸(见图 6 - 18(a))

命令:_dimlinear
指定第一条尺寸界线原点或〈选择对象〉:(选取 1 点)
指定第二条尺寸界线原点:
指定尺寸线位置或[多行文字(M)/文字(T)/角度(A)/水平(H)/垂直(V)/旋转(R)]:(选取 2 点)
标注注释文字＝31.42

2. 标注基线尺寸(见图 6 - 18(b))

命令:_dimbaseline
指定下一条延伸线的起始位置或 [放弃(U)/选取(S)]〈选取〉:(选取 3 点)
标注注释文字 ＝46.42
指定下一条延伸线的起始位置或 [放弃(U)/选取(S)]〈选取〉:(选取 4 点)
标注文字 ＝62.42
指定下一条延伸线的起始位置或 [放弃(U)/选取(S)]〈选取〉:(选取 5 点)
标注文字 ＝76.42
指定下一条延伸线的起始位置或 [放弃(U)/选取(S)]〈选取〉:＊取消＊

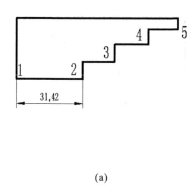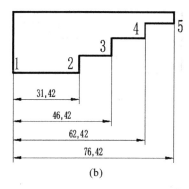

(a)　　　　　　　　　　　　(b)

图 6-18　基线尺寸标注

6.10　连续尺寸标注

与标注基线尺寸类似,要先标注一水平尺寸、垂直尺寸或角度尺寸,然后才能使用连续尺寸命令,即以第一个尺寸的第二条尺寸界线为基准,每次只选终点,从而连续地标注出同一方向的尺寸。

操作:标注→连续 ╫。

1. 先标注一水平尺寸(见图 6-19(a))

命令:_dimlinear

指定第一条尺寸界线原点或〈选择对象〉:(选取 1 点)

指定第二条尺寸界线原点:

指定尺寸线位置或[多行文字(M)/文字(T)/角度(A)/水平(H)/垂直(V)/旋转(R)]:(选取 2 点)

标注注释文字=31.42

2. 标注连续尺寸(见图 6-19(b))

命令:_dimcontinue

指定下一条延伸线的起始位置或[放弃(U)/选取(S)]〈选取〉:(选取 3 点)

标注注释文字=15

指定下一条延伸线的起始位置或[放弃(U)/选取(S)]〈选取〉:(选取 4 点)

标注注释文字=16

指定下一条延伸线的起始位置或[放弃(U)/选取(S)]〈选取〉:(选取 5 点)

标注注释文字=14

指定下一条延伸线的起始位置或[放弃(U)/选取(S)]〈选取〉:

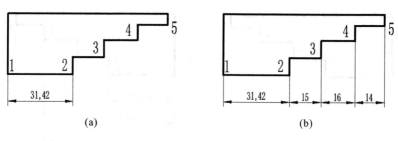

图 6 - 19　连续尺寸标注

6.11　引线标注

引线标注用于引出标注一些说明、形位公差、装配图的序号等。在命令行输入：QLEADER,按回车键确定,根据提示输入 S,按回车键确定,即可跳出"引线设置"对话框。其对话框如图 6 - 20 所示,用户可根据需要进行选择。如需将文字写在线上方,则点击"附着"选项,再选"最后一行加下划线"即可。以下例子为采用引导线标注装配图上零件序号的方法,如图 6 - 21 所示。

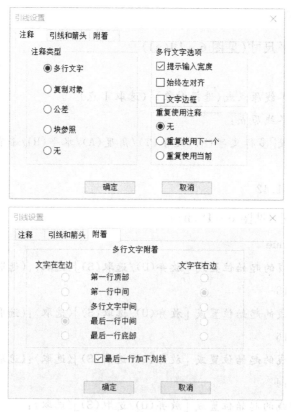

图 6 - 20　引线设置对话框

操作:标注→引线 ✐。

命令:_qleader

指定引线起点或［设置(S)］〈设置〉:s↵

指定引线起点或［设置(S)］〈设置〉:

指定下一点:

指定下一点:↵

指定文字宽度〈0〉:↵

输入注释文字的第一行〈多行文字(M)〉:2↵

输入注释文字的下一行:↵

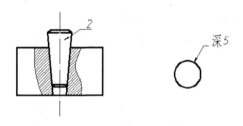

图 6-21 引线标注

6.12 中心符号标注

中心符号标注命令用于给圆或圆弧标注中心符号,其大小及形式在如图 6-5 所示的尺寸样式中设置。

操作:标注→圆心标记 ⊕。

命令:_dimcenter

选择圆弧或圆:

6.13 修改尺寸标注

修改尺寸标注命令主要用于修改尺寸数字或改变尺寸界线的方向。

操作:标注→倾斜 ⨍。

1. 改变尺寸界线的方向(见图 6-22)

命令:_dimedit

输入标注编辑类型［默认(H)/新建(N)/旋转(R)/倾斜(O)］〈默认〉:o↵

选择要倾斜的线性标注:找到 1 个(选取"22"的尺寸)

选择对象:↵

输入倾斜角度：30 ↵(键入倾斜角度)

命令：_dimedit

输入标注编辑类型 [默认(H)/新建(N)/旋转(R)/倾斜(O)]〈默认〉：o ↵

选择要倾斜的线性标注：找到 1 个(选取"14"的尺寸)

选择对象：↵

输入倾斜角度：1 ↵(键入倾斜角度)

2. 修改尺寸数字(见图 6－22(b))

命令：_dimedit

输入标注编辑类型 [默认(H)/新建(N)/旋转(R)/倾斜(O)]〈默认〉：n ↵

(在对话框中键入新的尺寸数字，点击"ok")

选择要用新文本替换的标注：找到 1 个(选要改的尺寸数字)

选择对象：↵

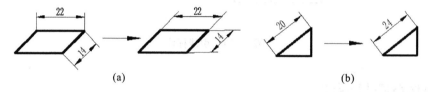

(a)   (b)

图 6-22   修改尺寸

6.14   修改尺寸文本位置

修改尺寸文本位置标注命令主要用于移动尺寸数字或尺寸线的位置。选取要移动的尺寸，可多次重复移动多个尺寸。

操作：标注→对齐文字。

命令：_dimtedit

选择标注：

指定标注文字的新位置或 [左对齐(L)/右对齐(R)/中心对齐(C)/默认(H)/角度(A)]：

6.15   更新尺寸样式标注

更新尺寸样式标注命令主要用于更新尺寸样式。当重新设置尺寸样式后，已标注过的尺寸样式不会改变，必须使用该命令，才可使其尺寸样式更新为重新设置的尺寸样式。中望 CAD 可自动更新尺寸样式。以下例子为更改尺寸文字大小的例子。

操作:标注→更新 ├▪。

命令:_-dimstyle

当前标注样式:ISO-25　　注释性:否

输入标注样式选项[注释性(AN)/保存(S)/恢复(R)/状态(ST)/变量(V)/应用(A)/?]〈恢复〉:_apply

选取应用当前样式的标注:找到 1 个(选要修改的尺寸)

选择对象:↵

6.16　尺寸公差标注

标注尺寸公差时,设置公差对话框如图 6-23 所示,点取要标注的尺寸偏差形式等内容,并输入上下偏差值(注意上偏差值前自动冠以"+"号,下偏差值前自动冠以"-"号)。设置好尺寸公差后再标注尺寸,其后都自动注有已设置的尺寸公差。尺寸公差标注示例如图 6-23所示。注意:在样式中设置的尺寸偏差值将对所有尺寸有效,必须逐个修改数字。

图 6-23　尺寸公差示例

6.17　形位公差标注

执行形位公差标注命令时,需在如图 6-24 所示的形位公差对话框中点击符号,弹出的形位公差符号对话框如图 6-25 所示,选取形位公差符号后,再设置形位公差数值及基准。形位公差标注示例如图 6-26 所示。在引出标注中选取形位公差标注,可直接带引出线。注意:基准符号自行绘制。

操作:标注→公差 ▦。

命令:_tolerance

输入公差位置:(点选形位公差放置位置)

(填写形位公差符号、形位公差数值及基准)

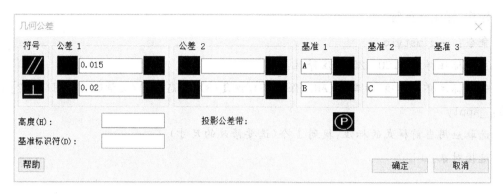

图 6-24 形位公差对话框

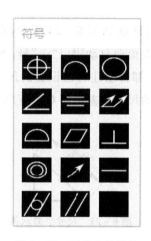

图 6-25 形位公差符号

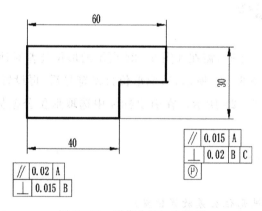

图 6-26 形位公差标注示例

第 7 章

辅助命令

本章主要介绍绘图辅助命令。

7.1 查询距离

在主菜单工具中选取查询,显示下一级下拉菜单,有 8 个查询命令,如图 7-1 所示。在图形工具条中也有查询工具条,但仅有 5 个查询命令,如图 7-2 所示。

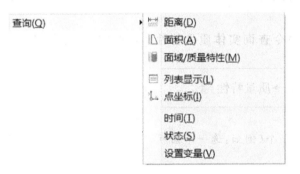

图 7-1 查询下拉菜单

图 7-2 查询工具条

在中望 CAD 打开的图中点击两点,查询两点之间距离等信息,如图 7-3 所示。

操作:工具→查询→距离 ⊢┤。

命令:'_dist
指定第一点:(选择第一点)
指定第二个点或[多个点(M)]:(选择第二点)

距离等于 = 20.6,　XY面上角 = 0,　与XY面夹角 = 0
X增量 = 20.6,　　Y增量 = 0.0,　　Z增量 = 0.0

图 7-3 查询距离

7.2 查询面积

在中望 CAD 打开的图中点击几点或选物体,查询其几何面积,显示面积等信息如图 7 - 4 所示。

操作:工具→查询→面积 ◻ 。

命令:_area
指定第一点或 [对象(O)/添加(A)/减去(S)]〈对象(O)〉:(选择第一点)
指定下一个点或[圆弧(A)/长度(L)/放弃(U)]:(选择第二点)
指定下一个点或[圆弧(A)/长度(L)/放弃(U)]:(选择第三点)
指定下一个点或[圆弧(A)/长度(L)/放弃(U)/总计(T)]〈总计〉:↵

面积=6.0,周长=12.0

图 7 - 4　查询面积

7.3 查询质量特性

查询质量特性命令查询实体质量特性。选取实体,屏幕显示其特性参数如图 7 - 5 所示。

操作:工具→查询→质量特性 ◻ 。

命令:_massprop
选择对象:找到 1 个(例如:选一个圆柱)
选择对象:↵

```
质量:            6283.1853
体积:            6283.1853
包络框:
最小点:          X=489.4626 Y=627.3391 Z=0.0000
最大点:          X=529.4626 Y=667.3391 Z=5.0000
质心:            X=509.4626 Y=647.3391 Z=2.5000
惯性矩:          X 2633636177.7169
                 Y 1631495077.6776
                 Z 4265026535.6395
惯性积:          XY:2072163541.0623
                 YZ:10168378.4682
                 ZX:8002620.3022
回转半径:        X 647.4227
                 Y 509.5689
                 Z 823.8932
主力矩与质心的 X-Y-Z 方向:
                 I:36824811373.0755 沿 [1.0000 0.0000 0.0000]
                 J:36824811373.0745 沿 [0.0000 1.0000 0.0000]
                 K:16011157464.9893 沿 [0.0000 0.0000 1.0000]

是否将分析结果写入文件? [是(Y)/否(N)]〈否〉:
```

图 7 - 5　查询实体特性

7.4　查询点的坐标

查询点的坐标命令用于查询点的坐标。在屏幕上显示其坐标值,如图 7 - 6 所示。

操作:工具→查询→点坐标⌐。

命令:'_id
指定一点:(选择一点)

X = 147.0　　Y = 54.5　　Z = 0.0

图 7 - 6　查询点的坐标

7.5　查询列表

查询列表命令用于选取欲了解情况的图素,屏幕显示其所有信息,如图 7 - 7 列出了一个圆的信息,包括圆的半径、周长、面积等。从查询列表中也可以看到当前图形所处的空间和图层,是一种了解图形信息的有效方法。

操作:工具→查询→列表显示▤。

命令:_list
列出选取对象:找到 1 个(例如:选中一个圆)

列出选取对象:↵

句柄: 22F
当前空间:模型空间
层: 0
中间点: X = 509.4626 Y = 647.3391 Z = 0.0000
半径: 61.7112
圆周: 387.7429
面积: 11964.0402

图 7 - 7　列表

7.6　查询时间

查询时间命令用于查询时间。屏幕显示该图与时间有关的信息,如图 7 - 8 所示。

操作:工具→查询→时间。

命令:_time

```
当前时间：           Fri Apr 15 17:12:00 2022
此图形的各项时间统计：
创建时间：           Fri Apr 15, 2022 at 16:21:20
上次更新时间：       Fri Apr 15, 2022 at 16:21:20
累计编辑时间：       0 天 0 时 50 分 40.5840 秒
消耗时间计时器（开）： 0 天 0 时 50 分 40.5720 秒
下次自动保存时间：   0 天 0 时 0 分 0.0000 秒
```

图 7 - 8　查询时间

7.7　查询状态

查询状态命令用于查询整图资料。屏幕显示其所有信息如图 7 - 9 所示。

操作：工具→查询→状态。

命令：status

```
绘图范围：   X=0.000000 Y=0.000000 Z= 0.000000
            X=420.000000 Y=297.000000 Z= 0.000000
图纸空间界限： X= 0.000000 Y= 0.000000 Z= 0.000000
            X=420.000000 Y=297.000000 Z=0.000000
屏幕宽度（象素）：  1060
屏幕高度（象素）：  544
......
```

图 7 - 9　查询整图资料

7.8　查询设置变量

查询设置变量命令用于查询设置变量。屏幕显示其所有信息（见附录）。

操作：工具→查询→设置变量。

命令：SETVAR

输入变量名或［?］:(键入? 号)↵

输入要列出的变量〈＊〉:↵

ACISOUTVER　70

ADCSTATE　　0

AFLAGS　　　0

ANGBASE　　0

......

7.9　边界

用鼠标点击一封闭区域,其周围的边即成为一条边界,便于填充图案、制作面域及构成曲面。可参照图 7-10 的边界创建对话框进行操作。

操作:绘图→边界。

```
命令:_boundary
选择一个点以定义边界或剖面线区域:
正在选择所有可见对象…
正在分析所选数据…
已创建 1 个多段线
```

图 7-10　边界创建对话框

7.10　面域

用鼠标选取一条或几条封闭的边界构成面域,三维建模时,便于构成拉伸体及回转体。注意,用边界拉伸构成的是空间面,用面域拉伸构成的是实体。

操作:绘图→面域 ◙ 。

```
命令:_region
选择对象:找到 1 个
选择对象:↵
提取了 1 个环
创建了 1 个面域
```

7.11　制作幻灯

首先调整好要制作幻灯的窗口,将当前视窗制作成幻灯格式,起名存盘,后缀为"Sld"。幻灯片不能修改。

```
命令:mslide ↵(键入命令)
```

7.12　观看幻灯

打开幻灯片，快速观看。

命令：vslide ┘(键入命令)

7.13　自动播放幻灯

将要连续播放的多张幻灯片做好后，用 Windows 中的记事本写成以下批处理文件，存在中望 CAD 的目录中，文件名为 Sldshow. Scr，可连续播放观看，速度由延时决定。

操作：工具→运行批处理文件(选文件 Sldshow. Scr)。

```
vslide s0            (播放幻灯片 S0，注意：S0、S1、S2、S3……为幻灯片名)
vslide * s1          (预装幻灯片 S1)
delay 3000           (延时 3000)
vslide               (播放幻灯片 S1)
vslide * s2          (预装幻灯片 S2)
delay 5000           (延时 5000)
vslide               (播放幻灯片 S2)
vslide * s3          (预装幻灯片 S3)
delay 3000           (延时 3000)
vslide               (播放幻灯片 S3)
……
```

7.14　拼写

与 Windows 的拼写功能一样，拼写命令可检查和修改文字的拼写错误。

操作：工具→拼写检查 。

命令：´_spell
选择对象：找到 1 个(选取要检查的文字)
选择对象：┘

7.15　剪切

与 Windows 的剪切功能一样，剪切命令可将所选取的图形剪切到 Windows 剪切板。

操作:编辑→剪切 ✂ 。

命令: _cutclip
选择剪切到剪切板中的对象:找到 1 个
选择剪切到剪切板中的对象:↵

7.16　复制

与 Windows 的复制功能一样,复制可将所选取的图形复制到 Windows 剪切板。

操作:编辑→复制 ⬚ 。

命令: _copyclip
选择复制到剪切板中的对象:找到 1 个
选择复制到剪切板中的对象:↵

7.17　粘贴

与 Windows 的粘贴功能一样,粘贴命令可将 Windows 剪切板中的图形复制到当前图中。

操作:编辑→粘贴 ⬚ 。

命令: _pasteclip
指定插入点:

7.18　设置捕捉栅格和栅格点

操作:工具→草图设置→对象捕捉。

命令:′_dsettings

点击草图设置命令后,进入绘图对话框,如图 7 - 11 所示,勾选启用捕捉和启用栅格,则该命令处于打开状态。与其对应的功能键为 F9、F7。

勾选启用栅格,或按功能键 F7 打开栅格点,屏幕相当一张带网格的坐标纸,便于绘图。栅格点的间距只能在草图设置的对话框中设置。

勾选启用捕捉,或按功能键 F9 打开栅格点捕捉,鼠标的光标始终捕捉在栅格点上,便于绘图。捕捉栅格点的间距,在草图设置的对话框中设置,设置的间距最好与栅格点间距相等。注意:当栅格点关闭、栅格点捕捉打开时,其功能依然有效。设置捕捉类型为"栅格",捕捉样式为标准矩形捕捉模式时,光标对齐矩形捕捉栅格。设置捕捉类型为"栅格",捕捉样式为等轴测捕捉模式时,光标对齐等轴测捕捉栅格。

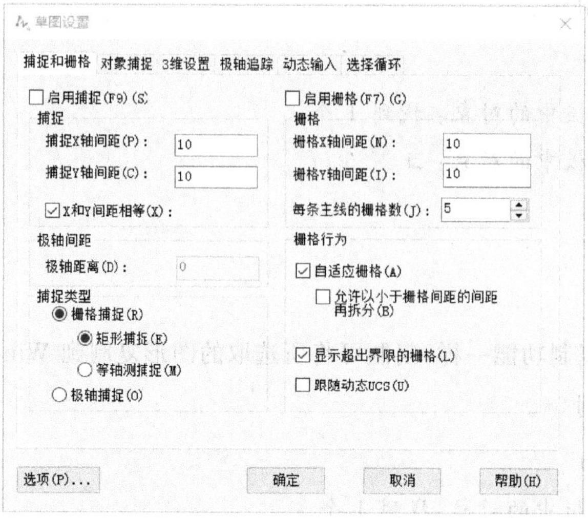

图 7-11　捕捉和栅格设置对话框

7.19　设置极轴追踪

　　大部分图纸中的角度都是一些比较固定或有规律的角度,如 30°、45°、60°等,为了免去输入这些角度的烦恼,中望 CAD 添加一个极轴追踪的功能。我们可以根据需要设置一个极轴增量角,当光标移动到靠近满足条件的角度时,CAD 就会显示一条虚线,也就是极轴,光标被锁定到极轴上,此时我们可以直接输入距离值。利用锁定极轴来确定角度的方式就是极轴追踪。极轴非常简单,使用的关键就是合理设置极轴增量角。软件提供了一系列常用的增量角设置,可以直接在下拉列表中选取,如果有特殊需要,也可以自己添加增量角。在底部状态栏的"极轴追踪"按钮上单击右键,就可以弹出极轴的相关设置对话框,如图 7-12 所示。

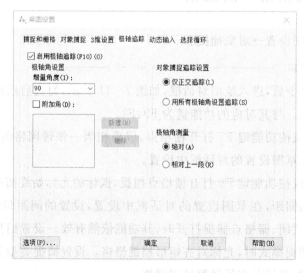

图 7-12　极轴追踪设置对话框

　　栅格捕捉、正交和极轴都会限制光标的角度,极轴不能跟正交和栅格捕捉同时打开,打开极轴,就会自动关闭正交。单击底部状态栏的"极轴追踪"按钮或按 F10 可以快速开关极轴。

　　通常情况下会将极轴增量角设置为 30°或 45°这样的角度,如果图中角度值比较多,也可以设置更小的增量角,如 5°和 10°。但设置成这种角度不方便,对于一些特殊角度,例如 35°,可用极坐标或角度替换的方式进行输入。

7.20　设置对象捕捉

　　对象捕捉的方式有多种,如图 7 - 13 所示。

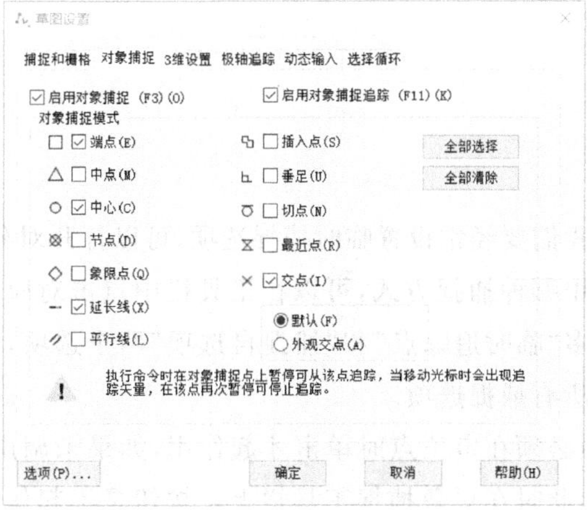

图 7 - 13　对象捕捉设置对话框

　　启用对象捕捉只要在其前面的方框中勾选即可。对象捕捉功能的关闭与打开可在其他命令的执行过程中进行,对应的功能键为 F3。当多个捕捉同时起作用时按"Ctrl"键加鼠标右键可循环选取。勾选对象捕捉追踪,可使用点追踪功能。

7.21　设置动态输入

　　动态输入对话框如图 7 - 14 所示,用户可根据个人习惯设置。一般采取默认设置,即勾选"启用指针输入",在其设置中采用默认格式的"极轴格式""相对坐标"和可见性的"命令需要一个点时";勾选"可能是启用标注输入",其设置中采用默认的"每次显示 2 个标注输入字段";勾选"在十字光标附近显示命令提示和命令输入"。

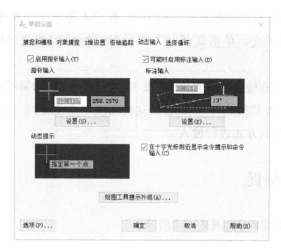

图 7-14　动态输入对话框

7.22　对象捕捉

在经典界面中如果我们要经常设置临时捕捉选项,可以打开对象捕捉工具栏,然后在绘图过程中如果临时要使用哪种捕捉方式,可以在工具栏中点击对应的图标按钮。同时我们注意到工具栏比对话框多"临时追踪点"和"捕捉自选项"两个选项,而且可以点"不捕捉"临时取消对话框中设置的所有捕捉选项。

注意:临时捕捉选项必须在定位点时单击才起作用,如果未调用任何绘图或编辑命令,没有出现指定点的提示,此时在对象捕捉工具栏上点按钮是不起作用的,会提示未知命令。对象捕捉图形工具条如图 7-15 所示。

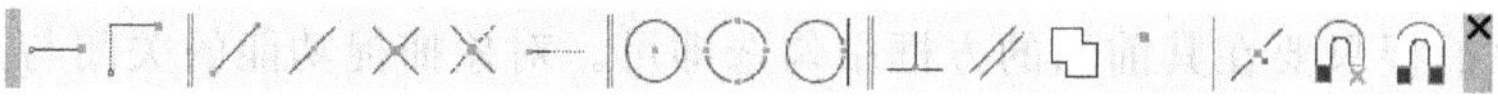

图 7-15　对象捕捉工具条

7.23　正交

输入"ORTHO"命令或按功能键 F8 即可打开正交功能。所绘制的线或移动的位移始终与坐标轴保持平行。

7.24　坐标

按功能键 F6,可打开或关闭坐标显示。打开坐标显示时,状态行中的坐标会随绘图区光标的移动而变化。

7.25　打印

操作:文件→打印 🖶 。

命令:_plot

在图 7-16 所示的对话框中提供了绘图机、打印机及打印式样的选择。在图 7-17 中提供了如何设置出图线宽等。在图 7-18 中提供了图纸的单位及尺寸、出图的方向及原点、出图的比例、出图区域、出图预览等相关选项。用户可根据以下提示设置:

(1)在"文件"中选择打印,在打印-模型对话框中选择打印样式表修改按钮即可调出打印样式编辑器对话框,如图 7-16 所示。

图 7-16　打印样式编辑器对话框

(2)在打印样式编辑器对话框中,将抖动设为"关"。点击"表视图"按钮,显示如图 7-17 所示打印样式编辑器对话框,可以按颜色设置出图线宽等。

(3)在打印样式编辑器对话框中,将每种使用的颜色都设"黑色",则打印质量与绘图颜色无关,即在彩色打印机上也能打出深浅一致的图线。将使用对象线宽设置一个数字,则可以按颜色设置出图线宽,而与绘图线宽无关。

(4)在出图对话框(见图 7-18)中,选择绘图机、打印机型号。设置打印样式的其他参数:① 设置单位:一般选用毫米;② 设置图纸:几号图及图形放置方向;③ 设置出图区域:按界限出图时在界限外的图形不出,按范围出图时将绘有图形的区域占满图幅出图,按显示出图时将绘出屏幕上显示的部分图形,按窗口出图时只绘出窗口部分图形;④ 设置出图比例:可以按图纸自动比例缩放,用户可自定义出图比例;⑤ 设置打印偏移:在预览后可微调图形与图纸的相对位置,勾选居中打印可自动对中;⑥ 设置隐蔽打印:三维出图时消隐打印;⑦ 打印预览:"完全预览"可直观地看到打印效果,"部分预览"可看到打印图形与图纸的相对位置。

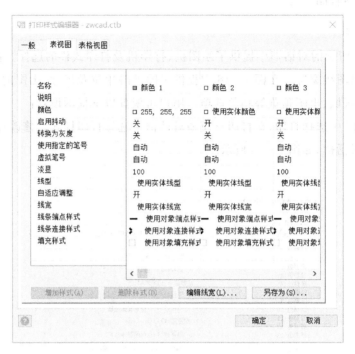

图 7-17　打印样式颜色及线宽编辑对话框

图 7-18　出图设置对话框

7.26　输出

　　利用 Export 命令可以将中望 CAD 所绘制的图形输出成其他格式的文件,如 ＊.wmf、＊.sat、＊.dwg、＊.bmp、＊.jpg、＊.png、＊.tif、＊.dwf 等,从而为其他软件所采用。

　　操作:文件→输出。

第8章

表格与图幅及几何作图

本章主要介绍绘制样(模)板图、图幅等各种表格以及常见几何图形,熟练使用常用的绘制及修改命令。

8.1 标题栏

标题栏是工程图中不可缺少的内容,绘制一个简易标题栏如图8-1所示(不用标注尺寸),通过此例使用户学会绘制各种表格,并掌握一般开始绘制图形的步骤。

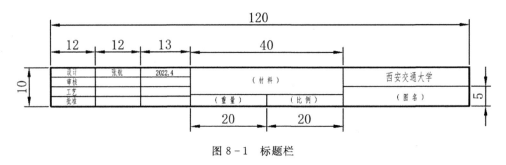

图8-1 标题栏

1. 新绘图

在对话框中点取默认存在的纸张模板,此时就好像铺了一张新纸。用户学会自制符合我国标准的样板图后即可选择样板图,可以大大提高绘图效率。

操作:文件→新建 。

命令:_new

2. 设置绘图界限

绘图界限(范围)是为了限定一个绘图区的大小,便于控制绘图及出图。绘图界限应比所要绘制的图形四周大一点。设置时,先给定屏幕左下角,再给定屏幕右上角。注意输入坐标时,一定关闭汉字输入法,不然会出现无效二维点。当显示图纸背景或图纸边界时,不能在布局选项卡上使用 LIMITS(图形界限)命令设置图形界限。这种情况下,图形界限由布

114

局根据选定的图纸尺寸进行计算和设置。

操作:格式→图形界限。

命令:'_limits

指定左下角点或[开(ON)/关(OFF)]〈0,0〉:－9,－9↵

指定右上角点〈420,297〉:150,30↵

3. 缩放

通过缩放命令,可在屏幕上任意设置可见视窗的大小,便于观看图形。

操作:视图→缩放→全部 EQ。

命令:'_zoom

指定窗口角点,输入比例因子(nX 或 nXP),或者[全部(A)/中心(C)/动态(D)/范围(E)/上一个(P)/比例(S)/窗口(W)/对象(O)]〈实时〉:_all

注意:命令的输入方式有多种,用户可按方便、习惯自选,本书一般提示下拉菜单路径及图形工具图标。系统自动显示作图过程,尖括号中的值是系统默认值,有时会不同。用户修改时,只要键入粗体字部分即可,"↵"表示回车。

4. 画直线

先指定起点,再给出一个或几个终点,然后画线。

操作:绘图→直线 ＼。

(1)画一条横线,如图8-2所示。

命令:_line

指定第一个点:0,0↵

指定下一点或[角度(A)/长度(L)/放弃(U)]:120,0↵

指定下一点或[角度(A)/长度(L)/放弃(U)]:↵

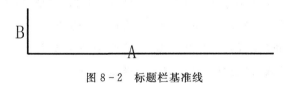

图8-2 标题栏基准线

(2)画一条竖线。

命令:_line

指定第一个点:0,0↵

指定下一点或[角度(A)/长度(L)/放弃(U)]:0,30↵

指定下一点或[角度(A)/长度(L)/放弃(U)]:↵

5. 偏移

操作:修改→偏移 ＆。

(1)将所选图形按设定的点或距离再等距地复制偏移三条横线,如图 8-3 所示。

命令:_offset

指定偏移距离或 [通过(T)/擦除(E)/图层(L)]〈1.0000〉:14↵

选择要偏移的对象或[放弃(U)/退出(E)]〈退出〉:(选横线 A)

指定目标点或 [退出(E)/多个(M)/放弃(U)]〈退出〉:(将光标移到 A 线上方点出 3 线)

选择要偏移的对象或[放弃(U)/退出(E)]〈退出〉:(选横线 3)

指定目标点或 [退出(E)/多个(M)/放弃(U)]〈退出〉:(将光标移到 A 线上方点出 4 线)

选择要偏移的对象或[放弃(U)/退出(E)]〈退出〉:↵

命令:_offset

指定偏移距离或 [通过(T)/擦除(E)/图层(L)]〈14.0000〉:9↵

选择要偏移的对象或[放弃(U)/退出(E)]〈退出〉: (选横线 A)

指定目标点或 [退出(E)/多个(M)/放弃(U)]〈退出〉:(将光标移到 A 线上方 2 线)

选择要偏移的对象或[放弃(U)/退出(E)]〈退出〉:↵

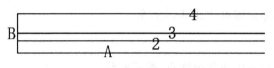

图 8-3　标题栏横线

(2)重复命令,用同样的方法,按图 8-1 所示尺寸,偏移六条竖线 5~10,如图 8-4 所示。

命令:_offset

指定偏移距离或 [通过(T)/擦除(E)/图层(L)]〈1.0000〉:12↵

选择要偏移的对象或[放弃(U)/退出(E)]〈退出〉:(选竖线 B)

指定目标点或 [退出(E)/多个(M)/放弃(U)]〈退出〉:(将光标移到 B 线右方选取出 5 线)

选择要偏移的对象或[放弃(U)/退出(E)]〈退出〉:(选竖线 5)

指定目标点或 [退出(E)/多个(M)/放弃(U)]〈退出〉:(将光标移到 5 线右方选取出 6 线)

选择要偏移的对象或[放弃(U)/退出(E)]〈退出〉:↵

	5	6	7	8	9	10

图 8-4　标题栏竖线

6. 修剪

操作:修改→修剪 。

(1)用两条竖线作剪刀,将与其相交的两条横线剪去一部分,如图 8-5 所示。

命令：_trim

当前设置:投影模式 ＝ UCS,边延伸模式 ＝ 不延伸(N)

选取对象来剪切边界〈全选〉:

找到 1 个　　　　　(选竖线7)

选取对象来剪切边界〈全选〉:

找到 1 个,总计 2 个(选竖线9)

选取对象来剪切边界〈全选〉:↵

选择要修剪的实体,或按住 Shift 键选择要延伸的实体,或［边缘模式(E)/围栏(F)/窗交(C)/投影(P)/删除(R)/放弃(U)］:(剪切横线3中部)

选择要修剪的实体,或按住 Shift 键选择要延伸的实体,或［边缘模式(E)/围栏(F)/窗交(C)/投影(P)/删除(R)/放弃(U)］:(点击横线2右部)

选择要修剪的实体,或按住 Shift 键选择要延伸的实体,或［边缘模式(E)/围栏(F)/窗交(C)/投影(P)/删除(R)/放弃(U)］:(点击横线2左部)

选择要修剪的实体,或按住 Shift 键选择要延伸的实体,或［边缘模式(E)/围栏(F)/窗交(C)/投影(P)/删除(R)/放弃(U)］:↵

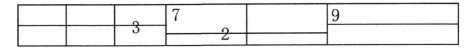

图 8-5　标题栏修剪线

(2)用一条横线作剪刀,将与其相交的一条竖线剪去一部分,如图 8-6 所示。

命令：_trim

当前设置:投影模式 ＝ UCS,边延伸模式 ＝ 不延伸(N)

选取对象来剪切边界〈全选〉:

找到 1 个　　　　　(选横线2)

选取对象来剪切边界〈全选〉:

找到 1 个,总计 2 个(选横线4)

选取对象来剪切边界〈全选〉:↵

选择要修剪的实体,或按住 Shift 键选择要延伸的实体,或［边缘模式(E)/围栏(F)/窗交(C)/投影(P)/删除(R)/放弃(U)］:(剪切竖线8上部)

选择要修剪的实体,或按住 Shift 键选择要延伸的实体,或［边缘模式(E)/围栏(F)/窗交(C)/投影(P)/删除(R)/放弃(U)］:↵

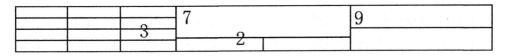

图 8-6　标题栏线

7. 偏移

操作：修改→偏移 。

偏移两条横线，如图 8-6 所示。

```
命令：_offset
指定偏移距离或［通过(T)/擦除(E)/图层(L)］〈1.0000〉：7↵
选择要偏移的对象或［放弃(U)/退出(E)］〈退出〉：(选横线3)
指定目标点或［退出(E)/多个(M)/放弃(U)］〈退出〉：(将光标移到3线上方点出横线)
选择要偏移的对象或［放弃(U)/退出(E)］〈退出〉：(选横线3)
指定目标点或［退出(E)/多个(M)/放弃(U)］〈退出〉：(将光标移到3线下方点出横线)
指定目标点或［退出(E)/多个(M)/放弃(U)］〈退出〉：↵
```

8. 特性

将标题栏的内线改变颜色，以便按颜色出图时内细外粗。先打开特性的对话框，再选取要修改的图形，在修改特性的对话框内选取颜色，出现颜色对话框，点取所需的颜色，然后按 ESC 键取消所选。常用颜色如图 8-7。

操作：修改→特性 。

```
命令：_properties
```

图 8-7　修改颜色选项

9. 颜色

调色对话框载入，选一种颜色打字。

操作：格式→颜色。

```
命令：'_color
```

10. 设置字体

在中望 CAD 中只有一个默认的文字样式 Standard。"当前样式名"就是书写文字时默认会使用的文字样式，默认的当前样式名是 Standard。中望 CAD 各版本中 Standard 文字样式的设置也各不相同，有的用的是 CAD 中内置的字体（＊.txt），有的使用的操作系统的

ARIAL 字体。就算对字体没有要求，Standard 也并不一定能满足我们的需要，所以建议在画图的时候要创建自己的文字样式。单击"新建"按钮，在弹出的新文字样式对话框中输入文字样式的名称，最好是跟要使用的字体同名或者跟用途相关，比如标注字体等，这样我们在使用文字样式时可以更容易地分辨出应该使用哪种文字样式。操作系统的字体使用起来比较简单，只需选择一种字体。选择完字体后，其他设置跟 Word 等其他软件类似。可设置字体的方位、方向、宽度比例系数等，设置结束时点"确定"按钮。文字样式管理器如图 8-8 所示。

操作：格式→文字样式。

命令：´_style

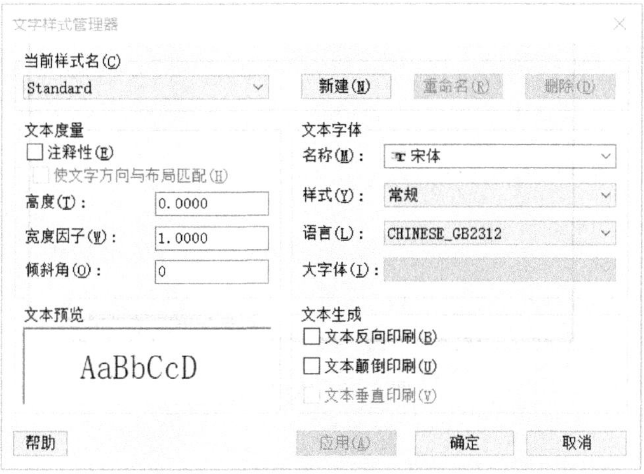

图 8-8　文字样式管理器对话框

11. 输入多行文字

多行文字主要适合于在表格或方框中打字。在些对话框中，拖动标尺，可设置文字在框中的位置。

操作：绘图→文字→多行文字 📄 。

命令：_mtext 。
当前文字样式："Standard"　文字高度：2.5 注释性：否
指定第一角点：（文字位置的左下角）
指定对角点或［对齐方式(J)/行距(L)/旋转(R)/样式(S)/字高(H)/方向(D)/字宽(W)/列(C)］：
输入文字：设计
在多行文字对话框中选取，拖动标尺，设置居中位置，然后打开汉字输入法，输入文字

12. 存储

将画好的图起一个名称并存储，在绘图过程中应经常存储，以免出现断电等故障时造成文件丢失。

操作:文件→保存 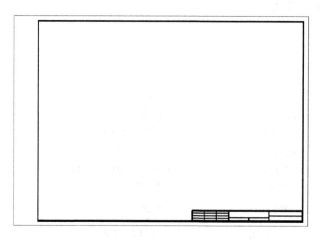。

命令:_qsave bt1（存盘起名为 bt1:标题栏）

8.2 A4 图幅

绘制 A4 图幅,如图 8-9 所示。

图 8-9 A4 图幅

1. 绘新图

操作:文件→新建 。

2. 设置绘图界限

操作:格式→图形界限。

命令:_limits
指定左下点或限界 [开(ON)/关(OFF)]〈0,0〉:—9,—9 ↵(屏幕左下角)
指定右上点〈420,297〉:300,220 ↵(屏幕右上角)

3. 缩放

操作:视图→缩放→全部 （同前）。

4. 颜色

在调色对话框内选一种颜色,绘制外框。

操作:格式→颜色 。

5. 画矩形

绘制一般矩形指定第一个角点及指定另一个角点即可,绘制好的图纸外框如图 8-10
所示。

操作：绘图→矩形 ⬚ 。

命令：_rectang
指定第一个角点或 [倒角(C)/标高(E)/圆角(F)/正方形(S)/厚度(T)/宽度(W)]：0,0 ↵
指定其他的角点或 [面积(A)/尺寸(D)/旋转(R)]：297,210 ↵

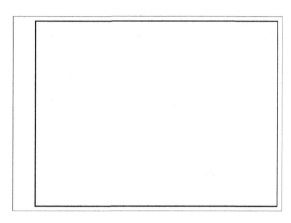

图 8-10　A4 图框

6. 颜色

换回随层颜色，绘制内框（系统默认值随层为白色，本书按国家标准粗线设为白色）。

操作：格式→颜色 ■随层 　　　▼ 。

命令：'_color

7. 画矩形

绘制有宽度的矩形做图纸内框。

操作：绘图→矩形 ⬚ 。

命令：_rectang
指定第一个角点或 [倒角(C)/标高(E)/圆角(F)/正方形(S)/厚度(T)/宽度(W)]：w ↵
（设置线宽）
指定所有矩形的宽度〈0.0000〉：1 ↵（宽度为1）
指定第一个角点或 [倒角(C)/标高(E)/圆角(F)/正方形(S)/厚度(T)/宽度(W)]：25,5 ↵
指定其他的角点或 [面积(A)/尺寸(D)/旋转(R)]：292,205 ↵

8. 插入

插入标题栏（完成如图 8-9 所示 A4 图幅）。

操作：插入→块 ▣ 。

命令：_insert

在对话框的文件按钮,选取已绘制好的标题栏 btl。可在对话框中键入插入点:(X=152,Y=5),X 比例为 1(Y 比例=X),旋转角度为 0。插入图块时的对话框如图 8-11 所示。

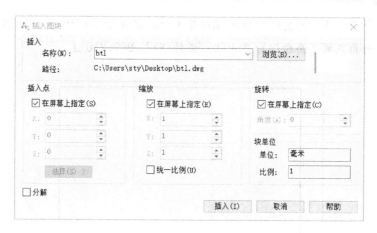

图 8-11　插入图块对话框

9. 保存

操作:文件→保存 。

命令:_qsave　A4.dwt

注意选后缀存盘,起名为 A4。将 A4 图幅存入样(模)板图,以后再绘制 A4 图时,在新图的对话框中将文件类型选择为"*.dwt",即可进行选择使用。

8.3　太极图

任务:完成如图 8-12 所示的两图形,颜色自定。

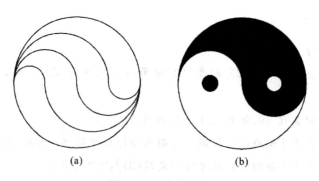

(a)　　　　　　　　　(b)

图 8-12　完成图形

1. 新建

选 A4 图幅样板图并准备好绘图区。

2. 打开正交功能

按 F8 键打开正交功能,以便绘制与 X 轴或 Y 轴平行的线。

命令:〈正交 开〉

3. 画线

重复直线命令,用鼠标在屏幕中间绘制两条垂直的线。

操作:绘图→直线 ╲。

4. 阵列

在对话框中,设置矩形阵列,行数为 1,列数为 9,距离为 10,选取竖线阵列 9 条,或直接用命令的形式对行数和列数进行设置。所画图形如图 8-13 所示。

操作:修改→阵列→矩形阵列 ⊞。

命令:_array

选择对象:找到 1 个 (选竖线)

选择对象:↵

类型 = 矩形 关联 = 是

选择夹点以编辑阵列或[关联(AS)/基点(B)/计数(COU)/间距(S)/列数(COL)/行数(R)/层数(L)/退出(X)]〈退出〉:R↵

选择夹点以编辑阵列或[关联(AS)/基点(B)/计数(COU)/间距(S)/列数(COL)/行数(R)/层数(L)/退出(X)]〈退出〉:COL↵

输入列数〈4〉:9↵

指定列间距或[总计(T)]〈1.000000〉:10↵

选择夹点以编辑阵列或[关联(AS)/基点(B)/计数(COU)/间距(S)/列数(COL)/行数(R)/层数(L)/退出(X)]〈退出〉:*取消*

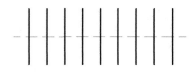

图 8-13　阵列辅助线

5. 捕捉

打开捕捉交点:在对话框中勾选交点,并将其他的捕捉关闭。

操作:工具→草图设置→对象捕捉。

命令:'_dsettings

6. 画圆

绘制外圆,如图 8-14 所示。

操作：绘图→圆→圆心、半径 ⊙。

命令：_circle
指定圆的圆心或[三点(3P)/两点(2P)/切点、切点、半径(T)]：(捕捉交点 5)
指定圆的半径或 [直径(D)]： (捕捉交点 1)

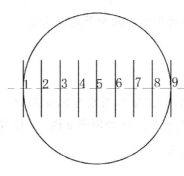

图 8－14　绘制圆

7. 画弧

重复圆弧命令，已知起点、中心点、终点绘制圆弧，如图 8－15 所示。

操作：绘图→圆弧→起点、圆心、端点。

命令：_arc
指定圆弧的起点或 [圆心(C)]：(捕捉交点 3)
指定圆弧的第二个点或 [圆心(C)/端点(E)]：_c
指定圆弧的圆心：(捕捉交点 2)
指定圆弧的端点或 [角度(A)/弦长(L)]：(捕捉交点 1)

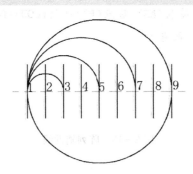

图 8－15　绘制圆弧图形

8. 镜像

操作：修改→镜像 ⚮。

(1)选取三段圆弧，以水平的两点为对称轴，将所选图形对称复制，如图 8－16 所示。

命令：_mirror

选择对象：

指定对角点：找到 3 个(窗选)

选择对象：↵

指定镜像线的第一点：(捕捉交点 1)

指定镜像线的第二点：(捕捉交点 5)

是否删除源对象？[是(Y)/否(N)]〈否〉：↵

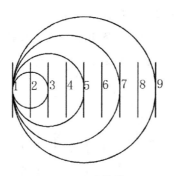

图 8 - 16　对称镜像图形

(2)选取三段圆弧,以垂直的两点为对称轴,将所选图形对称翻转,如图 8 - 17 所示。

命令：_mirror

选择对象：

指定对角点：找到 3 个(窗选)

选择对象：↵

指定镜像线的第一点：(捕捉交点 5)

指定镜像线的第二点：(捕捉交点 10)

是否删除源对象？[是(Y)/否(N)]〈否〉：Y↵

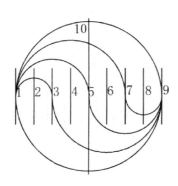

图 8 - 17　镜像翻转图形

9. 复制

将所有圆和弧再复制一个,如图 8-18 所示。

操作:修改→复制 🖳。

命令:_copy
选择对象:
指定对角点:找到 7 个
选择对象:↵
指定基点或 [位移(D)/模式(O)]〈位移〉:'_pan
指定第二点的位移或者 [阵列(A)]〈使用第一点当作位移〉:
指定第二个点或 [阵列(A)/退出(E)/放弃(U)]〈退出〉: * 取消 *

图 8-18　复制图形

10. 画圆

绘制小圆,如图 8-19 所示。

操作:绘图→圆→圆心、半径 ⊙。

命令:_circle
指定圆的圆心或[三点(3P)/两点(2P)/切点、切点、半径(T)]:(捕捉交点 3)
指定圆的半径或 [直径(D)]〈40.0000〉:5 ↵

图 8-19　绘制小圆

11. 删除

将辅助直线全部删除,并删除四段圆弧,如图 8 - 20 所示。

操作:修改→删除 ⬒ 。

命令: _erase
选择对象:
指定对角点:找到 10 个
选择对象:找到 1 个(多次选线)
……
选择对象:找到 1 个,总计 14 个
选择对象:↵

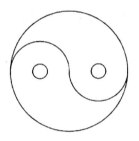

图 8 - 20　删除辅助线等

12. 图案填充

打开图案库,选 SOLID 实心图案,然后点选区域并填实,如图 8 - 9 所示(填充前换一种颜色,效果会更好)。

操作:绘图→图案填充 ▦ 。

命令: _bhatch

13. 保存

存盘起名为 tji,完成任务图 8 - 12。

操作:文件→保存 🖫 。

命令: save　tji

8.4　气窗图案

任务:完成图 8 - 21 气窗图形,颜色自定。

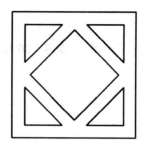

图 8-21　气窗图案

1．新建

选 A4 图幅样板图并准备好绘图区。

2．打开正交功能

按 F8 键打开正交功能,以便绘制与 X 轴或 Y 轴平行的线。

命令:〈正交 开〉

3．画线

用鼠标在屏幕中间绘制两条垂直的线。

操作:绘图→直线 \ 。

4．画圆

绘制一个圆作辅助线,如图 8-22 所示。

操作:绘图→圆→圆心、半径 ⊕ 。

命令:_circle
指定圆的圆心或[三点(3P)/两点(2P)/相切、相切、半径(T)]:(捕捉交点 O)
指定圆的半径或 [直径(D)]:20 ↵

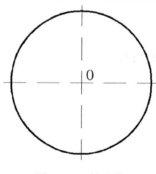

图 8-22　辅助线

5．画多边形

绘制两个四边形,一个内接圆,一个外切圆,如图 8-23 所示。

操作:绘图→多边形 ⬠ 。

命令：_polygon

输入边的数目〈4〉或［多个(M)/线宽(W)］：↵

指定正多边形的中心点或［边(E)］：(捕捉点 O)

输入选项［内接于圆(I)/外切于圆(C)］〈C〉：↵

指定圆的半径：(捕捉点 A)

命令：↵

POLYGON

输入边的数目〈4〉或［多个(M)/线宽(W)］：↵

指定正多边形的中心点或［边(E)］：(捕捉点 O)

输入选项［内接于圆(I)/外切于圆(C)］〈C〉：I↵(内接)

指定圆的半径：(捕捉点 A)

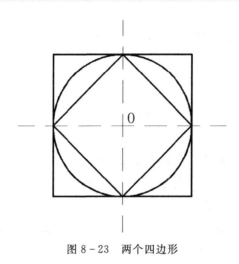

图 8-23　两个四边形

6. 偏移

将所选图形按设定的距离再等距地偏移两个四边形，如图 8-24 所示。

操作：修改→偏移 。

命令：_offset

指定偏移距离或［通过(T)/擦除(E)/图层(L)］〈通过〉：4↵

选择要偏移的对象或［放弃(U)/退出(E)］〈退出〉：(选四边形)

指定目标点或［退出(E)/多个(M)/放弃(U)］〈退出〉：(将光标移到图内点出四边形)

选择要偏移的对象或［放弃(U)/退出(E)］〈退出〉：(选四边形)

指定目标点或［退出(E)/多个(M)/放弃(U)］〈退出〉：(将光标移到图内点出四边形)

选择要偏移的对象或［放弃(U)/退出(E)］〈退出〉：↵

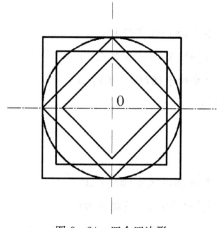

图 8 - 24　四个四边形

7. 修剪

重复命令,将四边形多次剪切,如图 8 - 21 所示。

操作:修改→修剪 。

命令:_trim

当前设置:投影模式 = UCS,边延伸模式 = 不延伸(N)

选择剪切边 …

选取对象来剪切边界〈全选〉:找到 1 个 (选四边形)

选取对象来剪切边界〈全选〉:找到 1 个,总计 2 个

选取对象来剪切边界〈全选〉:↵

选择要修剪的实体,或按住 Shift 键选择要延伸的实体,或［边缘模式(E)/围栏(F)/窗交(C)/投影(P)/删除(R)/放弃(U)］:(剪切中线)

……

选择要修剪的实体,或按住 Shift 键选择要延伸的实体,或［边缘模式(E)/围栏(F)/窗交(C)/投影(P)/删除(R)/放弃(U)］:↵

8. 阵列

在对话框中设置矩形阵列,行数为 3,列数为 5,距离为 40,选取所有线阵列 15 个,或直接用命令的形式对行数和列数进行设置,如图 8 - 25 所示。

操作:修改→阵列→矩形阵列 。

命令:_arrayrect

选择对象:

找到 1 个

……

选择对象：

找到 1 个,总计 10 个

选择对象：↵

类型 ＝ 矩形　关联 ＝ 是

选择夹点以编辑阵列或［关联(AS)/基点(B)/计数(COU)/间距(S)/列数(COL)/行数(R)/层数(L)/退出(X)］〈退出〉：R↵

输入行数〈3〉：3↵

指定行间距或［总计(T)〕〈60.000000〉：40↵

指定行之间的标高增量〈0.000000〉：↵

选择夹点以编辑阵列或［关联(AS)/基点(B)/计数(COU)/间距(S)/列数(COL)/行数(R)/层数(L)/退出(X)］〈退出〉：COL↵

输入列数〈4〉：5↵

指定列间距或［总计(T)〕〈60.000000〉：40↵

选择夹点以编辑阵列或［关联(AS)/基点(B)/计数(COU)/间距(S)/列数(COL)/行数(R)/层数(L)/退出(X)］〈退出〉：↵

图 8-25　阵列

9. 保存

存盘起名为 qwin,完成任务后的效果见图 8-25。

操作：文件→保存🖫 。

命令：save qwin

8.5　圆弧连接

任务：完成如图 8-26 所示圆弧连接图形,颜色自定。

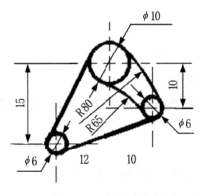

图 8 - 26　圆弧连接

1. 打开 A4 样板图

选 A4 图幅样板图,并准备好绘图区。

2. 画圆

绘制两个圆,如图 8 - 27 所示(两圆圆心距离约为 30)。

操作:绘图→圆→圆心、半径 ⊙

命令:_circle
指定圆的圆心或[三点(3P)/两点(2P)/相切、相切、半径(T)]:(点 1)
指定圆的半径或 [直径(D)]:10 ↲

命令:_circle
指定圆的圆心或[三点(3P)/两点(2P)/相切、相切、半径(T)]:(点 2)
指定圆的半径或 [直径(D)]:5 ↲

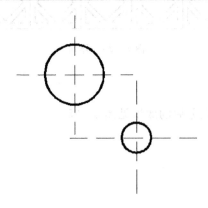

图 8 - 27　连接圆

3. 画相切圆

绘制与两个圆相切的圆,如图 8 - 28 所示。

操作:绘图→圆→相切、相切、半径。

注意:在直径相同时,捕捉圆的位置不同,相切的效果也不同。

(1)绘制外切圆。

命令:_circle

指定圆的圆心或[三点(3P)/两点(2P)/切点、切点、半径(T)]:_ttr

指定对象与圆的第一个切点:(捕捉第一个圆的下半部)

指定对象与圆的第二个切点:(捕捉第二个圆的左半部)

指定圆的半径〈5.0000〉:40↵(外切)

(2)绘制内切圆。

命令:_circle

指定圆的圆心或[三点(3P)/两点(2P)/切点、切点、半径(T)]:_ttr

指定对象与圆的第一个切点:(捕捉第一个圆的上半部)

指定对象与圆的第二个切点:(捕捉第二个圆的上半部右边)

指定圆的半径〈40.0000〉:100↵(内切)

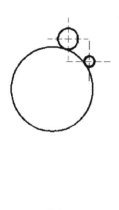

(a)外切

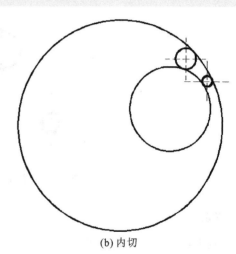

(b)内切

图 8-28　圆弧连接圆

4. 捕捉

在对话框中勾选切点,关闭其他捕捉点。

操作:工具→草图设置→对象捕捉。

命令:'_dsettings

5. 修剪

在内接圆内再画一个半径为 5 的圆,然后重复修剪命令,将多余圆弧剪除,完成任务后的效果如图 8-29 所示。

操作:修改→修剪。

命令：_trim

当前设置:投影模式 = UCS,边延伸模式 = 不延伸(N)

选取对象来剪切边界〈全选〉:

……

选取对象来剪切边界〈全选〉:

找到 1 个,总计 4 个

选取对象来剪切边界〈全选〉:↵

选择要修剪的实体,或按住 Shift 键选择要延伸的实体,或 [边缘模式(E)/围栏(F)/窗交(C)/投影(P)/删除(R)/放弃(U)]:(选不要的部分)

选择要修剪的实体,或按住 Shift 键选择要延伸的实体,或 [边缘模式(E)/围栏(F)/窗交(C)/投影(P)/删除(R)/放弃(U)]:(选不要的部分)

选择要修剪的实体,或按住 Shift 键选择要延伸的实体,或 [边缘模式(E)/围栏(F)/窗交(C)/投影(P)/删除(R)/放弃(U)]:↵

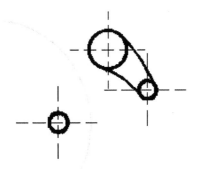

图 8 - 29　修剪后圆弧连接圆

6. 直线

在两圆上捕捉切点并画切线。

操作:绘图→直线 ╲ 。

命令：_line

指定第一个点:(坐标)

指定下一点或 [角度(A)/长度(L)/放弃(U)]:

指定下一点或 [角度(A)/长度(L)/放弃(U)]:↵

7. 保存

存盘并起名为 yhlj。

操作:文件→保存 ▦ 。

命令：save　yhlj

习　题

1. 绘制国家标准标题栏,如图 8 - 30 所示(不注尺寸)。

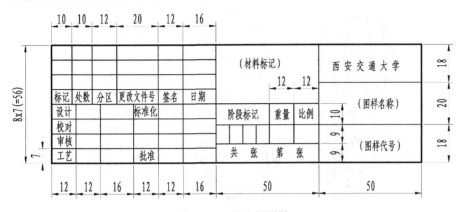

图 8 - 30　标准标题栏

2. 绘制国家标准图幅,如图 8 - 31 所示(尺寸见表 8 - 1,不注尺寸)。

根据国家标准"图纸幅面及格式"(GB/T 14689—2008),绘制图样时,采用表 8 - 1 中规定的基本图纸幅面,请参看《机械设计手册》。

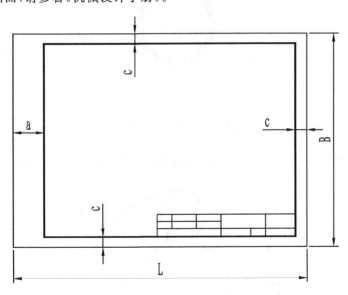

图 8 - 31　图幅

表 8 - 1　图纸幅面

幅面代号	A0	A1	A2	A3	A4
B×L	841×1189	594×841	420×594	297×420	210×297
C	10	10	10	5	5
A	25	25	25	25	25

3.通过练习绘制如图 8-32 所示的图形,熟练掌握常用的绘图命令及常见平面图形的作图方法。

图 8-32 常见几何图形练习

4.通过练习绘制如图 8-33 所示的图形,熟练掌握平面图形的作图方法。

图 8-33 常见图案练习

5.通过练习如图 8-34、图 8-35 所示的作图,熟练掌握常见的圆弧连接的作图方法。

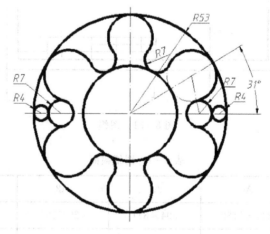

图 8-34 常见圆弧连接练习一

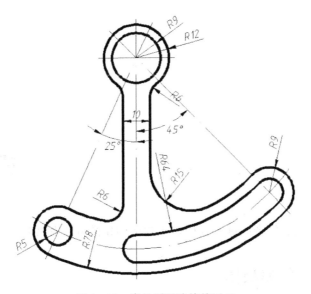

图 8-35 常见圆弧连接练习二

6.通过练习如图 8-36 所示的作图,熟练掌握常见的圆弧连接的作图方法。

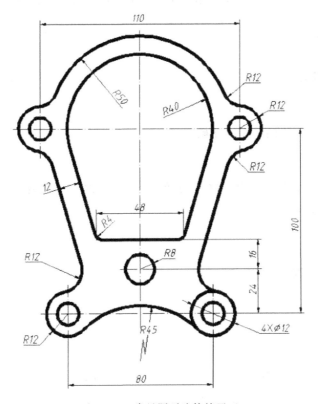

图 8-36 常见圆弧连接练习三

第 9 章

机械工程图

通过本章练习,主要学会绘制各种机械工程图的作图方法及技巧。

9.1 自制机械样/模板图

本例参照机械制图国家标准,设置图层、线型、尺寸变量等参数,还将粗糙度的符号存入模板。以后用户还可以将其他机械常用的符号等全部存入模板,避免每次重复设置,以提高绘图速度。

1. 绘新图

操作:文件→新建 。

命令:new ↵

也可选用国标(GB)样板图,方便修改。

2. 设置单位

在弹出对话框中设置精度为整数,便于在状态行中观察坐标变化。

操作:格式→单位 。

命令:'_units

3. 设置绘图界限

按 A3 图幅设置。

操作:格式→图形界限 。

命令:'_limits
指定左下角点或 [开(ON)/关(OFF)] 〈0,0〉:-9,-9 ↵
指定右上角点 〈420,297〉:430,300 ↵

4. 缩放

操作:视图→缩放→全部 。

命令：'_zoom

指定窗口的角点，输入比例因子（nX 或 nXP），或者 [全部(A)/中心(C)/动态(D)/范围(E)/上一个(P)/比例(S)/窗口(W)/对象(O)] 〈实时〉：_all

5. 设置线型

在线型对话框中装入 ISO 系列点划线及虚线。

操作：格式→线型 ▤ 。

6. 线宽

按需设置线宽，并点击状态行的线宽，打开显示线宽。也可在标题栏的线宽下拉选项中选择合适的线宽。

操作：格式→线宽 ▤ 。

7. 设置图层

在图层对话框中点击"新建"按钮，设置六层新图层。每层颜色按标准色依次设置，线型按国家标准设置，0 层为白色，线型设为粗实线，线宽设为 0.4，虚线设为黄色，点划线设为淡蓝色。

操作：格式→图层 ▱ 。

命令：'_layer

8. 打开正交

操作：按 F8 或点击状态行 ╚ 。

命令：〈正交　开〉

9. 对象捕捉

按 F3 或点击状态行，勾选捕捉交点及捕捉最近点，关闭其他捕捉。

操作：工具→草图设置→对象捕捉 ▦

命令：'_dsettings

10. 设置字体

打开字体设置对话框，先点"新建"按钮，输入字体名"长仿宋"，再在系统默认的标准字体"宋体"名后点"□"，在其中选取所需字体"gbeitc. shx"，然后勾选"大字体"，并在大字体下选"gbcbig. shx"。设置结束时选"应用"按钮。

操作：格式→文字样式。

命令：'_style

11. 设置尺寸变量

在尺寸变量设置对话框中，设置尺寸线的距离、尺寸界线的起点和长度、箭头的大小以及尺寸数字的高度、精度、方向等。详见第 6 章的尺寸样式设置。

操作：标注→样式 ↦ 。

命令：_ddim

12. 画线

绘制表面粗糙度符号，如图 9-1 所示，注意绘制在细线层。

操作：绘图→直线 ↘ 。

命令： _line 指定第一点：（任点一点）
指定下一点或［角度(A)/长度(L)/放弃(U)］：@−6,0 ↵
指定下一点或［角度(A)/长度(L)/放弃(U)］：@6⟨−60 ↵
指定下一点或［角度(A)/长度(L)/闭合(C)/放弃(U)］：@12⟨60 ↵
指定下一点或［角度(A)/长度(L)/闭合(C)/放弃(U)］： ↵

图 9-1　粗糙度符号

13. 制作块

将所绘制的粗糙度符号制作图块，以备绘制所有机械工程图使用。

操作：绘图→块→创建 ⊟ 。

命令： _block

在制作图块对话框中先起名 cf，再选择对象全选物体（找到 3 个），最后拾取最低点作为插入基点。

14. 插入

必须有已绘制的 A3 图幅，如果没有，则参照第 8 章 A4 幅图纸绘制。

操作：插入→块 ⇲ 。

命令： _insert

在插入对话框中选入文件，选 A3.dwg，插入点为 0,0，比例为 1，角度为 0。

15. 存储

完成图 9-1 所示图形，选后缀 .dwt 起名为 A3 后存盘，这样就绘制好了 A3 样板图。

操作：文件→保存 ⇲ 。

命令：save A3

用同样方法制作出 A4、A0、A1、A2 样板图备用,用户还可以将一些专用的图块设置在样板图中,以免重复绘制或插入。

9.2 阀杆

绘制机械零件阀杆的视图,并标注尺寸(见图 9-2),绘图时注意锥度线、截交线及相贯线的画法。截交线用过点偏移找交点,相贯线用圆弧近似代替。

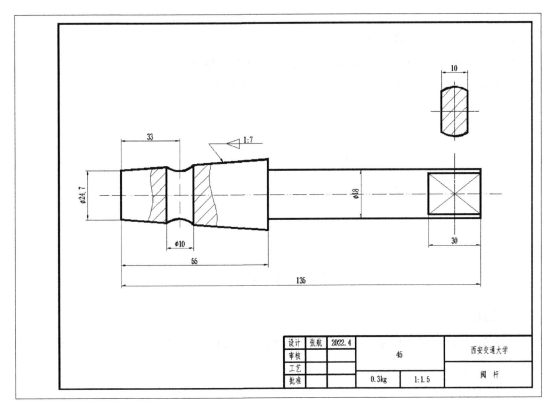

图 9-2 阀杆

1. 新绘图

选取 A4 样板图:A4.dwt。

操作:文件→新建。

命令:_new

为了加快作图速度,本例采用如下方法:

(1)制作辅助线,用偏移命令按尺寸设置距离。

(2)换图层,用捕捉交点准确找到图形各交点,将所需图形描绘一遍,将辅助线层冻结。

2. 图层

在图层对话框中,置辅助线层为当前层,作为绘图辅助线层。

操作:格式→图层 🔲 。

3. 画线

重复命令,画一条横线和一条竖线作为绘图基准辅助线,如图 9 - 3 所示。

操作:绘图→直线 ＼ 。

```
命令:_line
指定第一个点:(用鼠标点)
指定下一点或[角度(A)/长度(L)/放弃(U)]:(用鼠标点)
指定下一点或[角度(A)/长度(L)/放弃(U)]:＊取消＊
```

图 9 - 3　基准辅助线

4. 偏移

多次重复命令,根据尺寸,按图示距离偏移横线(9、12.35)、偏移竖线(22、55、120、15),如图 9 - 4 所示。

操作:修改→偏移 🔲 。

```
命令:_offset
指定偏移距离或[通过(T)/擦除(E)/图层(L)]〈通过〉:9↵
指定目标点或[退出(E)/多个(M)/放弃(U)]〈退出〉:(向上点)
选择要偏移的对象或[放弃(U)/退出(E)]〈退出〉:↵
```

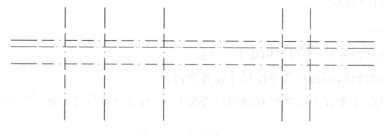

图 9 - 4　部分辅助线

5．图层

设置第 4 层为当前层,绘制点划线。

操作:格式→图层🖿。

6．画线

重复命令,用鼠标捕捉最近点绘制点划线。

操作:绘图→直线↘。

命令:_line
指定第一个点:(捕捉最近点)
指定下一点或［角度(A)/长度(L)/放弃(U)］:(捕捉最近点)
指定下一点或［角度(A)/长度(L)/放弃(U)］:＊取消＊

7．图层

换层,置第 0 层为当前层,绘制轮廓线。

操作:格式→图层🖿。

8．线宽

按需设置线宽并打开显示线宽。

操作:格式→线宽≡。

9．画线

用画线或多段线多次重复命令,描绘轮廓线(粗实线),对称图形只绘制一半,如图 9-5 所示。

操作:绘图→多段线/线↘。

命令:_pline
当前线宽是 0.0000
指定下一点或［圆弧(A)/半宽(H)/长度(L)/撤消(U)/宽度(W)］:(捕捉交点)
指定下一点或［圆弧(A)/闭合(C)/半宽(H)/长度(L)/撤消(U)/宽度(W)］:@14,1
指定下一点或［圆弧(A)/闭合(C)/半宽(H)/长度(L)/撤消(U)/宽度(W)］:↵

图 9-5　部分轮廓线

143

10. 延伸

用一条线作边界,将延长锥度线延长至该边界,如图 9-6 所示。

操作:修改→延伸 ┅╱。

命令: _extend

当前设置:投影模式 = UCS,边延伸模式 = 不延伸(N)

选取边界对象作延伸〈回车全选〉:

找到 1 个(选取作边界的线)

选取边界对象作延伸〈回车全选〉:(选取锥度线)

选择要延伸的实体,或按住 Shift 键选择要修剪的实体,或[边缘模式(E)/围栏(F)/窗交(C)/投影(P)/放弃(U)]:⏎

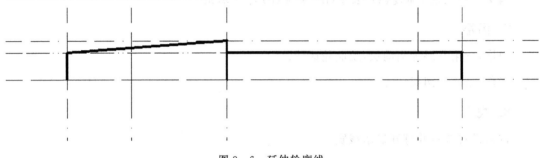

图 9-6 延伸轮廓线

11. 镜像

将视图上下镜像,如图 9-7 所示。

操作:修改→镜像 ◢◣。

命令: _mirror

选择对象:

找到 1 个

选择对象:

找到 1 个,总计 2 个

选择对象:

找到 1 个,总计 3 个

选择对象:

找到 1 个,总计 4 个

选择对象:⏎

指定镜像线的第一点:

指定镜像线的第二点:

是否删除源对象?[是(Y)/否(N)]〈否〉:⏎

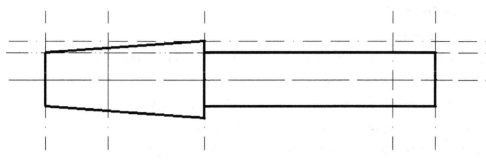

图 9-7　镜像轮廓线

12. 画圆

绘剖面图圆的轮廓线(粗实线)。

操作:绘图→圆→圆心、半径 ⊙ 。

命令:_circle
指定圆的圆心或 [三点(3P)/两点(2P)/切点、切点、半径(T)]:
指定圆的半径或 [直径(D)]:9↵

13. 偏移

根据图示距离,偏移四条孔线及剖面边线的辅助线,如图 9-8 所示。

操作:修改→偏移 ❏ 。

命令:_offset
指定偏移距离或 [通过(T)/擦除(E)/图层(L)]〈1.000〉:5 ↵
选择要偏移的对象或 [放弃(U)/退出(E)]〈退出〉:(选竖线)
指定目标点或 [退出(E)/多个(M)/放弃(U)]〈退出〉:(向右点)
……
指定目标点或 [退出(E)/多个(M)/放弃(U)]〈退出〉:(向左点)
选择要偏移的对象或 [放弃(U)/退出(E)]〈退出〉:↵

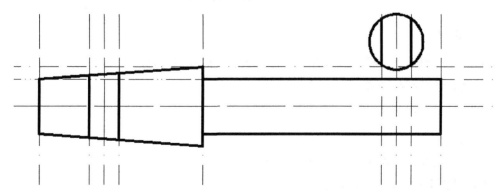

图 9-8　剖面

过点偏移两条交线。

```
命令:_offset
指定偏移距离或 [通过(T)/擦除(E)/图层(L)]〈5.0000〉:(捕捉点 E)
请指定第二点获取距离:(捕捉点 F)
选择要偏移的对象或 [放弃(U)/退出(E)]〈退出〉:(选横线 N)
指定目标点或 [退出(E)/多个(M)/放弃(U)]〈退出〉:(向上点)
选择要偏移的对象或 [放弃(U)/退出(E)]〈退出〉:(选横线 N)
指定目标点或 [退出(E)/多个(M)/放弃(U)]〈退出〉:(向下点)
选择要偏移的对象或 [放弃(U)/退出(E)]〈退出〉:↵
```

14. 画线

重复命令,绘制孔的轮廓线及平面边线,如图 9 - 9 所示。

操作:绘制→直线 ＼。

```
命令:_line
指定第一个点:(捕捉交点)
指定下一点或 [角度(A)/长度(L)/放弃(U)]:(捕捉交点)
指定下一点或 [角度(A)/长度(L)/放弃(U)]:↵
```

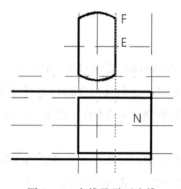

图 9 - 9 交线及平面边线

15. 修剪

重复命令,用两条竖线作剪刀将与其相交孔中的斜线剪去,如图 9 - 10 所示。用两条竖线作剪刀将剖面圆两侧的线剪去。

操作:修改→修剪 ㄓ。

```
命令:_trim
当前设置:投影模式 = UCS,边延伸模式 = 不延伸(N)
选取对象来剪切边界〈全选〉:
找到 1 个  (选竖线)
```

选取对象来剪切边界〈全选〉：

找到 1 个,总计 2 个(选竖线)

选取对象来剪切边界〈全选〉：

找到 1 个,总计 3 个(选锥度线)

选取对象来剪切边界〈全选〉：↵

选择要修剪的实体,或按住 Shift 键选择要延伸的实体,或［边缘模式(E)/围栏(F)/窗交(C)/投影(P)/删除(R)/放弃(U)］：（剪切孔中斜线）

选择要修剪的实体,或按住 Shift 键选择要延伸的实体,或［边缘模式(E)/围栏(F)/窗交(C)/投影(P)/删除(R)/放弃(U)］：↵

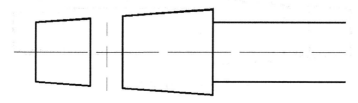

图 9-10　孔及剖面的轮廓线

16. 画弧

用三点绘制圆弧,近似代替相贯线,如图 9-11 所示。

操作:绘图→圆弧→三点

命令：_arc

指定圆弧的起点或［圆心(C)］：(捕捉交点 C)

指定圆弧的第二个点或［圆心(C)/端点(E)］：e↵

指定圆弧的端点：(捕捉交点 D)

指定圆弧的圆心或［角度(A)/方向(D)/半径(R)］：

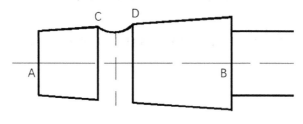

图 9-11　孔的相贯线

17. 镜像

将视图上下镜像,如图 9-12 所示。

操作:修改→镜像 。

命令：_mirror

选择对象：

找到 1 个(选弧)

选择对象：↵

指定镜像线的第一点：(捕捉交点 A)

指定镜像线的第二点：(捕捉交点 B)

是否删除源对象？[是(Y)/否(N)]〈否〉：↵

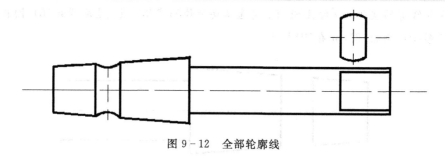

图 9-12 全部轮廓线

18. 图层

将辅助线关闭，换层并置第 2 层为当前层，绘制细实线及剖面线。

操作：格式→图层🖱。

19. 样条曲线

用鼠标绘制两条随意多义线。多义线必须画长一些再剪去，才能保证填充的边界封闭。

操作：绘图→样条曲线 ∿。

命令：_spline

指定第一个点或[对象(O)]：(任选一点)

指定下一点：(任选一点)

指定下一点或[闭合(C)/拟合公差(F)/放弃(U)]〈起点切向〉：(任选一点)

⋯⋯

指定下一点或[闭合(C)/拟合公差(F)/放弃(U)]〈起点切向〉：↵

指定起点切向：↵

指定端点切向：↵

20. 修剪

重复命令，用两条斜线作剪刀，将长出的多义线剪去，如图 9-13 所示。

操作：修改→修剪 ⊬。

命令：_trim

当前设置：投影模式 = UCS,边延伸模式 = 不延伸(N)

选取对象来剪切边界〈全选〉：

找到 1 个(选上方左侧孔中斜线)

选取对象来剪切边界〈全选〉：

找到 1 个,总计 2 个(选上方右侧孔中斜线)

选取对象来剪切边界〈全选〉：

找到 1 个,总计 3 个(选下方左侧孔中斜线)

选取对象来剪切边界〈全选〉：

找到 1 个,总计 4 个(选下方右侧孔中斜线)

选取对象来剪切边界〈全选〉：↵

选择要修剪的实体,或按住 Shift 键选择要延伸的实体,或[边缘模式(E)/围栏(F)/窗交(C)/投影(P)/删除(R)/放弃(U)]:…(选两条多义线上端和下端)

选择要修剪的实体,或按住 Shift 键选择要延伸的实体,或[边缘模式(E)/围栏(F)/窗交(C)/投影(P)/删除(R)/放弃(U)]:↵

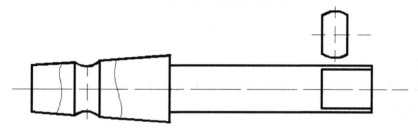

图 9-13　局部剖边界多义线

21. 填充

重复命令,在对话框中选取用户定义类型,设置角度为 45°、间距为 3,点选绘制剖面线区域,如图 9-14 所示。

操作:绘图→图案填充⬚。

命令：_bhatch

拾取内部点或[选择对象(S)/删除边界(B)]:(点取绘制剖面线的区域)

正在选择所有可见对象…

正在分析所选数据…

拾取内部点或[选择对象(S)/删除边界(B)]:↵

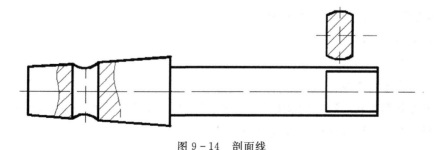

图 9-14　剖面线

22. 画线

重复命令,绘制平面符号交叉线及锥度符号,如图 9-15 所示。

操作:绘图→直线 ＼ 。

命令:_line
指定第一个点:(捕捉交点)
指定下一点或 [角度(A)/长度(L)/放弃(U)]:(捕捉交点)
指定下一点或 [角度(A)/长度(L)/放弃(U)]:↵

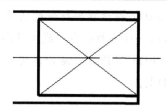

图 9-15　平面符号交叉线

23. 图层

在换层对话框中将辅助线层冻结,置第 1 层为当前层,绘制尺寸线。

操作:格式→图层 冒 。

24. 标注尺寸

重复命令,标注所有线性尺寸。为标注尺寸准确,捕捉交点。

操作:标注→线性 ╠╣ 。

(1)标注锥端直径尺寸。

命令:_dimlinear
指定第一条尺寸界线原点或〈选择对象〉:
指定第二条尺寸界线原点:
指定尺寸线位置或[多行文字(M)/文字(T)/角度(A)/水平(H)/垂直(V)/旋转(R)]:t↵(改字)
输入标注文字〈25〉:% %c24.7 ↵(φ 24.7)
指定尺寸线位置或[多行文字(M)/文字(T)/角度(A)/水平(H)/垂直(V)/旋转(R)]:
标注注释文字 ＝25

(2)用线性尺寸标注杆的直径尺寸。

命令:_dimlinear
指定第一条尺寸界线原点或〈选择对象〉:
指定第二条尺寸界线原点:
指定尺寸线位置或[多行文字(M)/文字(T)/角度(A)/水平(H)/垂直(V)/旋转(R)]:t↵
输入标注文字〈18〉:% %c18 ↵(φ 18)

指定尺寸线位置或 [多行文字(M)/文字(T)/角度(A)/水平(H)/垂直(V)/旋转(R)]:

标注注释文字 =18

(3)标注剖面宽度尺寸。

命令:_dimlinear

指定第一条尺寸界线原点或〈选择对象〉:

指定第二条尺寸界线原点:

指定尺寸线位置或 [多行文字(M)/文字(T)/角度(A)/水平(H)/垂直(V)/旋转(R)]:

标注注释文字 =10

(4)用线性尺寸标注孔的直径尺寸。

命令:_dimlinear

指定第一条尺寸界线原点或〈选择对象〉:

指定第二条尺寸界线原点:

指定尺寸线位置或 [多行文字(M)/文字(T)/角度(A)/水平(H)/垂直(V)/旋转(R)]:t↵

输入标注文字〈10〉:%%c10↵

指定尺寸线位置或 [多行文字(M)/文字(T)/角度(A)/水平(H)/垂直(V)/旋转(R)]:

标注注释文字 =10

(5)标注第一个长度尺寸。

命令:_dimlinear

指定第一条尺寸界线原点或〈选择对象〉:

指定第二条尺寸界线原点:

指定尺寸线位置或 [多行文字(M)/文字(T)/角度(A)/水平(H)/垂直(V)/旋转(R)]:

标注注释文字 =22

25. 标注尺

标注所有基线尺寸。注意紧随上一个线性尺寸之后。

操作:标注→基线 ⊢ 。

命令:_dimbaseline

指定下一条延伸线的起始位置或 [放弃(U)/选取(S)]〈选取〉:

标注注释文字 =55

指定下一条延伸线的起始位置或 [放弃(U)/选取(S)]〈选取〉:

标注注释文字 =122

指定下一条延伸线的起始位置或 [放弃(U)/选取(S)]〈选取〉:↵

26. 标注尺寸

标注引线尺寸。

操作:标注→引线 ⊢ 。

命令：_qleader

指定第一个引线点或 [设置(S)]〈设置〉：

指定下一点：

指定下一点：

指定文字宽度〈0〉：

输入注释文字的第一行〈多行文字(M)〉：1:7↵

输入注释文字的下一行：

27. 对齐文字

编辑尺寸，将位置不合理的尺寸移动。

操作：标注→对齐文字 ✎ 。

命令：_dimtedit

选择标注：

指定标注文字的新位置或 [左对齐(L)/右对齐(R)/中心对齐(C)/默认(H)/角度(A)]：

28. 移动

全选，将图形移到图框中合理位置。

操作：修改→移动 ✛

命令：_move

选择对象：

指定对角点：

找到 49 个

选择对象：↵

指定基点或 [位移(D)]〈位移〉：

指定第二点的位移或者〈使用第一点当作位移〉：

29. 保存

将文件起名为 Fagan(阀杆)后存盘，完成任务后的效果如图 9-2 所示。

操作：文件→保存 🖫 。

命令：_qsave Fagan

9.3 压紧螺母

绘制压紧螺母的三视图，并标注尺寸，如图 9-16 所示。因很多步骤与上例重复，因此在本例中省略。

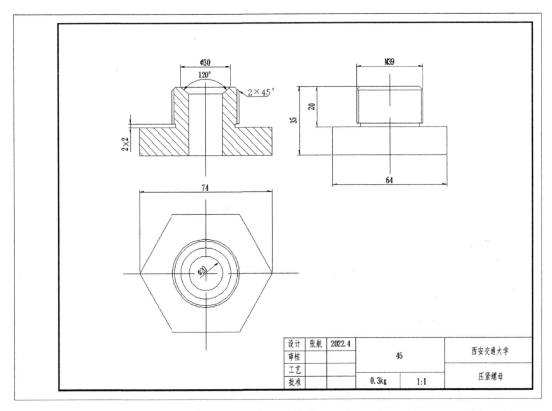

图 9-16　压紧螺母

1. 新绘图

选取 A4 样板图:A4.dwt。

操作:文件→新建 ⬚。

命令:_new

绘图时先点击绘图区下的模型,在模型空间作图,完成图形后再点击布局 1 在图纸空间出图,其标题栏中的文字修改即可。

为快速作图并保证机械三视图符合国家标准,应保证:长对正、高平齐、宽相等。制作辅助线时,主视图与俯视图用一条竖线按长度尺寸偏移,以保证长对正;主视图与左视图用一条横线按高度尺寸偏移,以保证高平齐;按宽度尺寸同时偏移俯视图与左视图的辅助线,以保证宽相等。

2. 图层

在图层对话框中,置第 6 层为当前层,作为绘图辅助线层。

操作:格式→图层 ⬚。

3. 画线

重复命令,画两条横线和两条竖线作为绘图基准辅助线,如图 9-17 所示。

操作:绘图→直线 ╲。

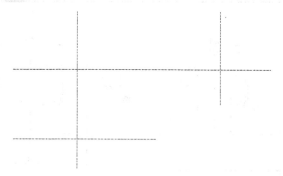

图 9-17　基准辅助线

4. 偏移

多次重复命令,根据尺寸,按图示距离偏移横线及竖线,如图 9-18 所示。辅助线不必一次作出,可随需随作。

操作:修改→偏移 ╲。

(1)按图示距离偏移竖线。

命令:_offset
指定偏移距离或[通过(T)/擦除(E)/图层(L)]〈通过〉:18.5 ↵
选择要偏移的对象或[放弃(U)/退出(E)]〈退出〉:(选竖线)
指定目标点或[退出(E)/多个(M)/放弃(U)]〈退出〉:(左点)
指定偏移距离或[通过(T)/擦除(E)/图层(L)]〈通过〉:↵

(2)按图示距离偏移横线。

命令:_offset
指定偏移距离或[通过(T)/擦除(E)/图层(L)]〈通过〉:15 ↵
选择要偏移的对象或[放弃(U)/退出(E)]〈退出〉:(选横线)
指定目标点或[退出(E)/多个(M)/放弃(U)]〈退出〉:(上点)
指定偏移距离或[通过(T)/擦除(E)/图层(L)]〈通过〉:↵

图 9-18　部分辅助线

5．图层

换层，置第 0 层为当前层，准备绘制轮廓线。

操作：格式→图层 ⊟。

6．线宽

按需设置线宽并打开显示线宽。

操作：格式→线宽 ☰。

7．正多边形

已知外接圆半径绘制六边形，如图 9-19 所示。

操作：绘图→正多边形 ⬠。

```
命令：_polygon
输入边的数目〈4〉或 [多个(M)/线宽(W)]：6 ↵
指定正多边形的中心点或 [边(E)]：
输入选项 [内接于圆(I)/外切于圆(C)]〈C〉：i ↵
指定圆的半径：
```

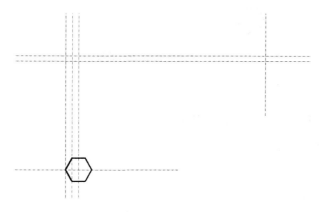

图 9-19　六边形

8．查询距离

查询六边形直边到中心的距离。

操作：工具→查询→距离 ⊢⊣。

```
命令：'_dist
指定第一个点：
指定第二个点或 [多个点(M)]：
距离等于 = 32，  XY 面上角 = 270，  与 XY 面夹角 = 0
X 增量 = 0， Y 增量 = −32， Z 增量 = 0
```

9. 偏移

根据查询距离,偏移左视图竖线,如图 9 - 20 所示。

操作:修改→偏移 ⬓。

命令：_offset
指定偏移距离或[通过(T)/擦除(E)/图层(L)]〈通过〉:32 ↵
选择要偏移的对象或[放弃(U)/退出(E)]〈退出〉:(选竖线)
指定目标点或[退出(E)/多个(M)/放弃(U)]〈退出〉:(左点)
选择要偏移的对象或[放弃(U)/退出(E)]〈退出〉:↵

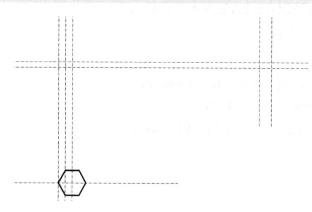

图 9 - 20　左视部分辅助线

10. 图层

设置第 4 层为当前层,准备绘制点划线。

操作:格式→图层 ⬒。

11. 画线

重复命令,绘制点划线。

操作:绘图→直线 ✎。

命令：_line
指定第一个点:(捕捉最近点)
指定下一点或[角度(A)/长度(L)/放弃(U)]:(捕捉最近点)
指定下一点或[角度(A)/长度(L)/放弃(U)]:↵

12. 图层

设置第 0 层为当前层,准备绘制轮廓线。

操作:格式→图层 ⬒。

13. 画线

多次重复命令,描绘轮廓线(粗实线),对称图形只绘制一半,如图 9 - 21 所示。

操作:绘图→多段线/线 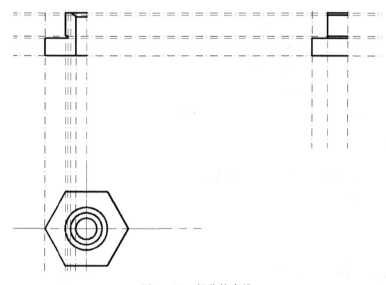。

命令:_line
指定第一个点:(捕捉交点)
指定下一点或［角度(A)/长度(L)/放弃(U)］:(捕捉交点)
指定下一点或［角度(A)/长度(L)/放弃(U)］:↵

图9-21　部分轮廓线

14. 图层

关闭或冻结辅助线层,设置第3层为当前层并绘制剖面线。

操作:格式→图层 🖼 。

15. 倒角

用倒角命令倒出斜角。先设置倒角距离,再按距离倒角,如图9-22所示。

操作:修改→倒角 △ 。

命令:_chamfer
当前设置:模式 = TRIM,距离1 = 2.0000,距离2 = 0.0000
选择第一条直线或［多段线(P)/距离(D)/角度(A)/方式(E)/修剪(T)/多个(M)/放弃(U)］:d↵
设置距离方式的倒角方式。
指定基准对象的倒角距离〈2.0000〉:↵
指定另一个对象的倒角距离〈0.0000〉:2 ↵
选择第一条直线或［多段线(P)/距离(D)/角度(A)/方式(E)/修剪(T)/多个(M)/放弃(U)］:
选择第二个对象或按住 Shift 键选择对象以应用角点:

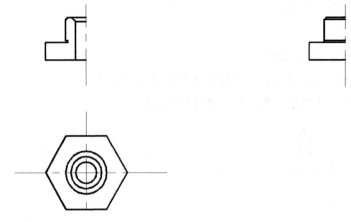

图 9-22 轮廓线倒角

16. 镜像

重复命令,将主视图及左视图左右镜像。

操作:修改→镜像 ⚹ 。

命令:_mirror
选择对象:
指定对角点:找到 13 个(窗选)
选择对象:↵
指定镜像线的第一点:(捕捉上交点)
指定镜像线的第二点:(捕捉下交点)
是否删除源对象? [是(Y)/否(N)]〈否〉:↵

17. 移动

重复命令,将主视图及左视图移动到合适位置,注意长对正、高平齐、宽相等。如图 9-23
所示。

操作:修改→移动 ✛ 。

命令:_move
选择对象:
指定对角点:找到 13 个(窗选)
选择对象:↵
指定基点或 [位移(D)]〈位移〉:
指定第二点的位移或者〈使用第一点当作位移〉:

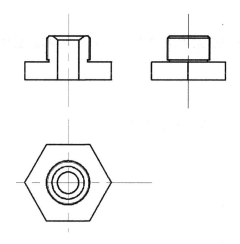

图 9 - 23　镜像轮廓线

18. 填充

重复命令,在对话框中选取用户定义类型,设置角度为－45°、间距为 3,点选绘制剖面线区域,如图 9 - 24 所示。

操作:绘图→图案填充▨。

```
命令：_bhatch
拾取内部点或[选择对象(S)/删除边界(B)]:(点取绘制剖面线的区域)
正在选择所有可见对象...
正在分析所选数据...
拾取内部点或[选择对象(S)/删除边界(B)]:↵
```

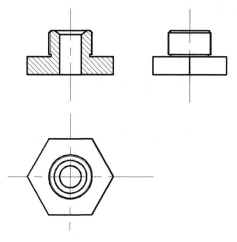

图 9 - 24　填充剖面线

19. 图层

在图层对话框中,将辅助线层冻结,置第 1 层为当前层,绘制尺寸线。

操作:格式→图层 🖶 。

20. 标注尺寸

重复命令,标注所有尺寸,方法如上节阀杆。

操作:标注→线性 ⊢⊣ 。

21. 标注尺寸

重复命令,标注直径尺寸。

操作:标注→直径 ⊘ 。

命令:_dimdiameter
选择弧或圆:(选圆)
标注注释文字 =20
指定尺寸线位置或 [多行文字(M)/文字(T)/角度(A)]:

22. 移动

将图形移到图框中的合理位置。上下移动时主视图应与左视图一起移;左右移动时主视图应与俯视图一起移;移动一个视图时注意打开正交,以保证视图的投影关系。

操作:修改→移动 ✛ 。

命令:_move
选择对象:
指定对角点:找到 23 个(窗选)
选择对象:↵
指定基点或 [位移(D)]⟨位移⟩:
指定第二点的位移或者⟨使用第一点当作位移⟩:

23. 保存

存盘起名为 yjlm,完成压紧螺母后的效果如图 9－16 所示。

操作:文件→保存 🖫 。

命令:save yjlm

习 题

1.绘制如图 9 - 25 所示平面图形,掌握常见图形的绘制方法。

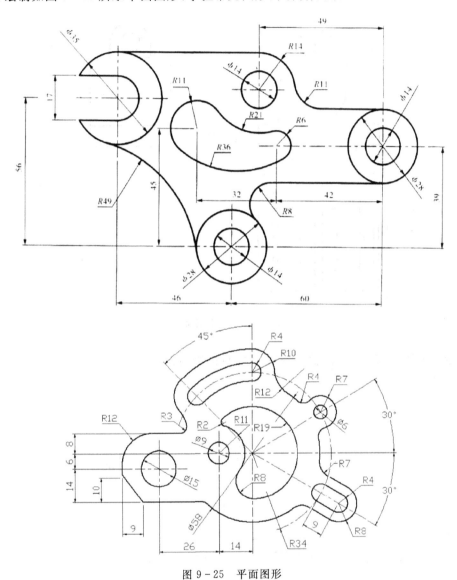

图 9 - 25 平面图形

2.绘制如图 9-26 所示立体图形,掌握三视图的绘制方法。

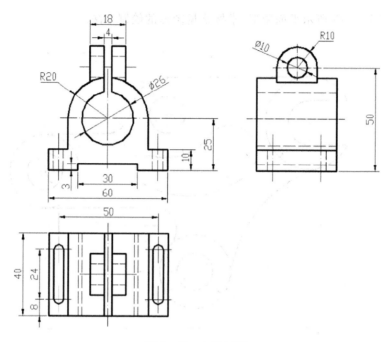

图 9-26　立体图形

3.绘制如图 9-27 所示的轴,掌握轴类零件的绘制方法。

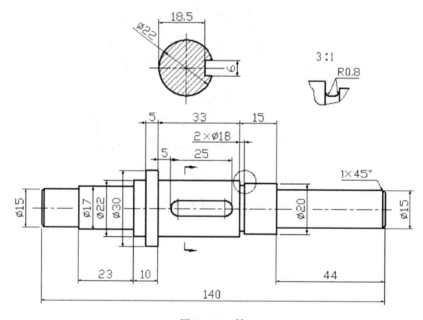

图 9-27　轴

4.绘制如图 9-28 所示支架,掌握支架类零件的绘制方法。

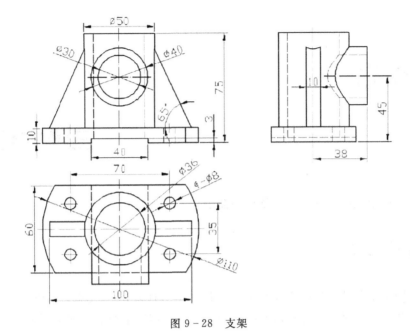

图 9-28　支架

5.绘制如图 9-29 所示端盖,掌握一般零件的绘制方法。

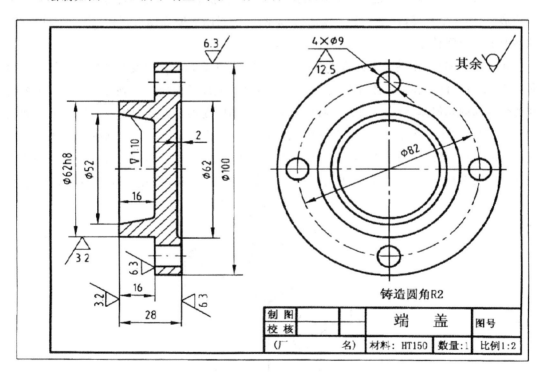

图 9-29　端盖

第10章

三维立体造型

本章主要介绍三维原理及一些常用的命令。

10.1 原理及概述

在工程图学中常把一般的物体称为组合体。组合体是由一些基本几何体组合而成的，就是将基本几何体通过布尔运算求并（叠加）、求差（挖切）、求交而构成的形体。基本几何体是形成各种复杂形体的最基本形体，如立方体、圆柱体、圆锥体、球体等。基本几何体的形成有两种方式：一是先画一个底面特征图，再给一个高度，就形成一个拉伸柱体，如底面是一个六边形，拉伸一个高度，就是一个六棱柱；二是画一个封闭的断面图形，将其绕一个轴旋转，从而形成一个回转体。

在中望CAD中提供了常见的基本几何体，并提供了布尔运算以及形成基本几何体的两种方式：生成拉伸体和旋转体，但其绘制基本几何体的高度方向均为 Z 轴方向。所以想要制作各个方向的几何体，就必须进行坐标变换，中望 CAD 提供了方便的用户坐标体系。如图 10-1 所示，想要在一个立方体中挖去一个垂直的圆柱体很容易，而要挖一正面或侧面的圆柱体，就必须先将圆柱体绕 X 轴或 Y 轴旋转 90°，再画圆柱体，这样才能达到目的。如果要在任意方向挖孔，就必须先建立相应方向的用户坐标系。所以要学习三维造型，首先要学习坐标系的变换。

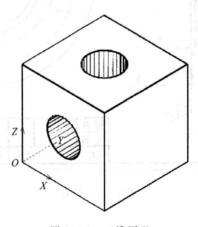

图 10-1　三维原理

对于一个复杂的立体模型,从一个方向不可能观察清楚,所以在中望 CAD 中提供了三维视点,可方便地从任意方向观察立体模型。中望 CAD 同时提供了多窗口操作,将视窗任意分割,从而可以同时通过多窗口操作来观察立体的各个方向。中望 CAD 中提供了多种效果,如消隐、着色和渲染等,其中着色有多种不同的效果。本章主要介绍坐标变换、视口变换、视图变换以及各种效果和各种空间。

10.2　水平厚度

在设置水平,即设置 Z 向的起点及厚度后,用二维绘制命令就可以绘制一些有高度的三维图形。

```
命令:elev↲
指定新当前标高〈0.000〉:↲
指定新当前厚度〈0.000〉:5↲
```

用二维绘图命令绘制线、圆、多边形等,如图 10-2 所示。

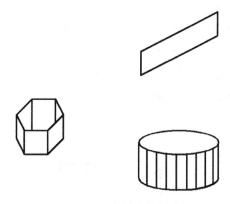

图 10-2　有厚度的图形

注意:此命令对结构线、多义线、椭圆和矩形等不起作用。用户可以通过命令中的选项设置矩形的水平和厚度。如果需要继续绘制平面图形,要将水平和厚度重新设置为 0。

10.3　厚度

在设置厚度后,用二维绘制指令就可以绘制一些有高度的三维图形。与命令 elev 不同的是,本命令不能指定标高(设置水平),只能指定厚度。

操作:格式→厚度。

```
命令:'_thickness
输入 THICKNESS 的新值〈0.000〉:5↲
```

10.4 三维多段线

三维多段线与二维多段线的绘制方法基本一样,不同的是三维多段线可以给出 Z 坐标,但是不能绘制弧线。绘制三维多段线时,可选主菜单项"绘图"的下拉菜单中的"三维多段线"命令。在东南等轴测视角下绘制一条三维多段线,如图 10-3 所示。

圆不能设置宽度,但有些时候我们需要可以设置宽度的圆。然而圆用 PE 编辑多段线命令也不能转成多段线,只能利用多段线来绘制圆,方法有两种:

(1)用圆环 DONUT(DO)命令来绘制圆,绘制出来的是带宽度的圆形多段线。

(2)用多段线来绘制,确定好起点后,输入 A 后按回车键,转换成圆弧绘制模式,可以利用半径或者别的参数画段圆弧,然后输入 CL(闭合)后按回车键,就可以得到圆形的多段线。

操作:绘图→三维多段线。

```
命令:_3dpoly
指定多段线的起点:0,0,0↵
指定直线的端点或 [放弃(U)]:@0,0,30↵
指定直线的端点或 [放弃(U)]:@40,0↵
指定直线的端点或 [闭合(C)/撤销(U)]:@0,50↵
指定直线的端点或 [闭合(C)/撤销(U)]:@20,20↵
指定直线的端点或 [闭合(C)/撤销(U)]:@0,0,-30↵
指定直线的端点或 [闭合(C)/撤销(U)]:↵
```

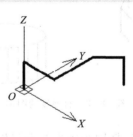

图 10-3 三维多段线

10.5 着色

着色命令在"视图"主菜单项的下拉菜单中,它有下一级菜单及图形工具条,如图 10-4、图 10-5 所示。

图 10 - 4 着色下拉菜单

图 10 - 5 着色图形工具条

10.6 渲染

渲染命令在"视图"主菜单项的下拉菜单中,它有下一级菜单及图形工具条,如图 10 - 6 所示,可以通过对光源、材质的设置来达到不同的渲染效果。渲染设置对话框及渲染效果图如图 10 - 7 所示。

操作:视图→渲染。

命令:_render

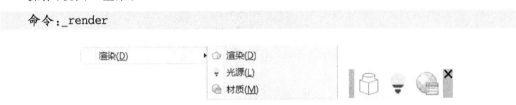

图 10 - 6 渲染下拉菜单及图形工具条

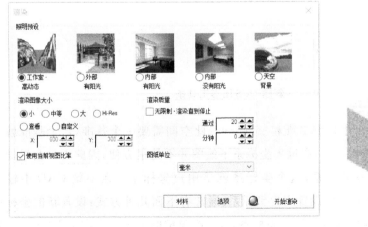

图 10 - 7 渲染设置对话框及渲染效果图

10.7 消隐

消隐效果就是将被挡住的线自动隐藏起来,使图形看起来简单明了。本书的大部分立体图均为消隐效果图,消隐命令在主菜单视图的下拉菜单中。

操作:视图→消隐 ⬡。

命令:_hide

正在重生成模型。

10.8 坐标系变换

坐标系变换就是使用用户自定义的坐标系统,即用户坐标系(user coordinate system,UCS)。坐标系变换命令在"工具"主菜单项下的下拉菜单中,点击"新建 UCS",即打开其下一级菜单,如图 10-8 所示。新建 UCS 图形工具条如图 10-9 所示。通过"命名 UCS"菜单,可以显示如图 10-10 所示的对话框。

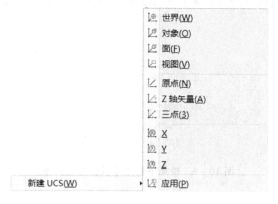

图 10-8 新建 UCS 下拉菜单

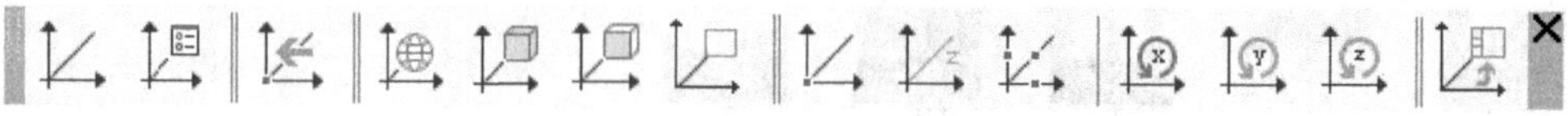

图 10-9 新建 UCS 图形工具条

中望 CAD 中提供了一个虚拟的二维和三维空间,此空间需要一个基准,这个基准就是世界坐标系。但在有些特殊情况下,在世界坐标系下绘图并不是很方便,因此用户会根据自己的需要设置一个新的参考坐标系,这个坐标系就是用户坐标系。在中望 CAD 中输入 UCS 命令,就可以根据不同的条件设置用户坐标系,通常有下面几种方式:设置新的坐标原点,旋转某个轴向,以某个对象为基准设置坐标系,以三维模型的某个面来定义 UCS 方便后续建模。

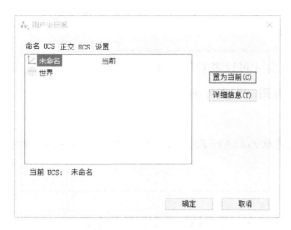

图 10 - 10　命名 UCS 对话框

用户可在对话框中直观地选取已命名的 UCS。点击"详细信息"按钮,将显示当前坐标系原点,如图 10 - 11 所示。点击"正交 UCS"选项卡,可以方便地选取六个基本视图的坐标系,如图 10 - 12 所示。系统默认的坐标系为"世界"坐标系,用户可以通过对坐标系轴的旋转或任选三点确定平面来自定义用户坐标系统,并且可以将新的 UCS 存储、移动、取出或删除。

命令:_ucs

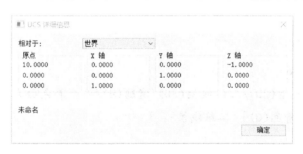

图 10 - 11　详细信息对话框

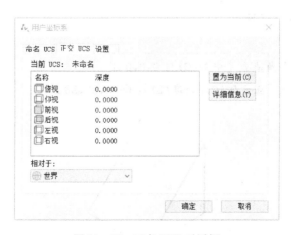

图 10 - 12　正交 UCS 对话框

通过下面的坐标变换实例,学会建立自己想要的坐标系系统。

1. 三维视点

设置一个三维视点后才可以观看三维效果。

操作:视图→三维视图→东南等轴测 ⬦ 。

命令:_-view

输入选项 [? /图层状态(LA)/正交图形(O)/删除(D)/还原(R)/保存(S)/用户坐标系(U)/窗口(W)]:_seiso

2. 缩放

选用中心点缩放,便于在三维作图时确定屏幕的中心。

操作:视图→缩放→中心点 🔍 。

命令:'_zoom

指定窗口的角点,输入比例因子 (nX 或 nXP),或者 [全部(A)/中心(C)/动态(D)/范围(E)/上一个(P)/比例(S)/窗口(W)/对象(O)]〈实时〉:_c

指定中心点:20,20 ↵

输入比例或高度〈986.8175〉:60 ↵

3. 着色

操作:视图→着色。

命令:_shademode

输入选项 [二维线框(2D)/三维线框(3D)/消隐(H)/平面着色(F)/体着色(G)/带边框平面着色(L)/带边框体着色(O)]〈二维线框〉:_3

4. 楔体

绘制楔体作为参考体,如图 10-13 所示。

操作:绘图→实体→楔体 ◣ 。

命令:_wedge

指定楔体的第一个角点或 [中心(C)]:0,0,0 ↵

指定另一个角点或 [立方体(C)/长度(L)]:@30,30,30 ↵

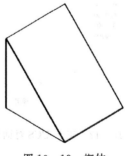

图 10-13　楔体

5. 设置捕捉

在捕捉对话框中勾选端点,并将其余取消。

操作:工具→草图设置→对象捕捉。

命令:'_dsettings

6. 圆柱体

绘制端面水平的圆柱体,如图 10 - 14 所示。

操作:绘图→实体→圆柱体 🛢 。

命令:_cylinder
指定底面的中心点或 [三点(3P)/两点(2P)/切点、切点、半径(T)/椭圆(E)]:(捕捉 A 点)
指定圆的半径或 [直径(D)]:10 ↵
指定高度或 [两点(2P)/中心轴(A)]:5 ↵

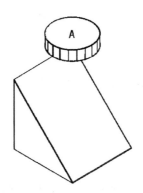

图 10 - 14　水平圆柱体

7. 坐标系变换

将坐标系绕 X 轴旋转 90°,以便绘制正平圆柱体。

操作:工具→新建 UCS→X 🗔 。

命令:_ucs
当前在世界 UCS.
指定 UCS 的原点或 [? /面(F)/3 点(3)/删除(D)/对象(OB)/原点(O)/上一个(P)/还原(R)/保存(S)/视图(V)/X/Y/Z/Z 轴(ZA)/世界(W)]〈世界〉:_x
输入绕 X 轴的旋转角度〈90〉:↵

8. 圆柱体

绘制正平圆柱体,如图 10 - 15 所示。

操作:绘图→实体→圆柱体 🛢 。

命令：_cylinder

指定底面的中心点或 ［三点(3P)/两点(2P)/切点、切点、半径(T)/椭圆(E)］：(捕捉 B 点)

指定圆的半径或 ［直径(D)］〈10.0000〉：↵

指定高度或 ［两点(2P)/中心轴(A)］〈5.0000〉：↵

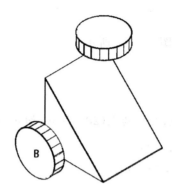

图 10-15　正平圆柱体(左下)

9. 坐标系变换

将坐标系绕 Y 轴旋转 90°，以便绘制侧面圆柱体。

操作：工具→新建 UCS→Y 。

命令：_ucs

当前 UCS 未命名.

指定 UCS 的原点或 ［? /面(F)/3 点(3)/删除(D)/对象(OB)/原点(O)/上一个(P)/还原

(R)/保存(S)/视图(V)/X/Y/Z/Z 轴(ZA)/世界(W)］〈世界〉：_y

输入绕 Y 轴的旋转角度〈90〉：↵

10. 圆柱体

绘制侧平圆柱体，如图 10-16 所示。

操作：绘图→实体→圆柱体 。

命令：_cylinder

指定底面的中心点或 ［三点(3P)/两点(2P)/切点、切点、半径(T)/椭圆(E)］：(捕捉 C 点)

指定圆的半径或 ［直径(D)］〈10.0000〉：↵

指定高度或 ［两点(2P)/中心轴(A)］〈5.0000〉：↵

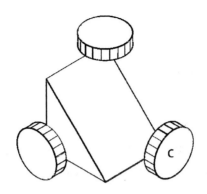

图 10-16 侧平圆柱体(右下)

11. 坐标系变换

设置以任意三点确定的坐标系。

操作：工具→新建 UCS→三点 ⊾。

命令：_ucs

当前 UCS 未命名.

指定 UCS 的原点或 [? /面(F)/3 点(3)/删除(D)/对象(OB)/原点(O)/上一个(P)/还原 (R)/保存(S)/视图(V)/X/Y/Z/Z 轴(ZA)/世界(W)]〈世界〉：_3

指定新原点〈0,0,0〉：(捕捉 A 点)

指定正 X 轴上的点〈31,30,0〉：(捕捉 D 点)

指定 X-Y 面上正 Y 值的点〈30,29,0〉：(捕捉 C 点)

12. 圆柱体

绘制平行于任意平面的圆柱体,如图 10-17 所示。

操作：绘图→实体→圆柱体 🛢。

命令：_cylinder

指定底面的中心点或 [三点(3P)/两点(2P)/切点、切点、半径(T)/椭圆(E)]：(捕捉 D 点)

指定圆的半径或 [直径(D)]〈10.0000〉：↵

指定高度或 [两点(2P)/中心轴(A)]〈5.0000〉：↵

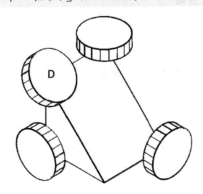

图 10-17 平行于 ADC 平面的圆柱体

13. 坐标系变换

回到世界坐标系。

操作:工具→新建 UCS→世界坐标系 ⬚。

```
命令：_ucs
当前 UCS 未命名.
指定 UCS 的原点或[? /面(F)/3 点(3)/删除(D)/对象(OB)/原点(O)/上一个(P)/还原
(R)/保存(S)/视图(V)/X/Y/Z/Z 轴(ZA)/世界(W)]〈世界〉：_w
```

14. 设置特性

可以通过重复命令,将 4 个圆柱及立方体改变成不同的颜色,以便区分不同视点观察的图形。

操作:修改→特性 ⬚。

```
命令：_properties
```

15. 设置消隐

操作:视图→消隐 ⬚。

```
命令：_hide
```

16. 设置渲染

操作:视图→渲染。

```
命令：_render
```

10.9　三维动态观察器

三维动态观察器的下拉菜单及图形工具条如图 10-18 所示。利用三维动态观察器进行动态观察时,有动态观察、受约束动态观察和连续动态观察三种方法。

操作:视图→三维动态观察器 ◎。

```
命令：_3dorbit
```

在命令栏输入 3DO(3DORBIT),打开受约束的动态观察。在"受约束的动态观察"环境下,我们观察的视点会围绕目标移动,但是视图的目标是保持静止的。从用户的视角来看,三维模型会随着光标的移动而移动。如果水平拖动鼠标,侧面圆柱体将平行于世界坐标系的 XY 平面移动;若垂直拖动鼠标,侧面圆柱体将沿着 X 轴转动,如图 10-19 所示。

此时在绘图区域的空白处单击鼠标右键,系统弹出如图 10-20 所示对话框。

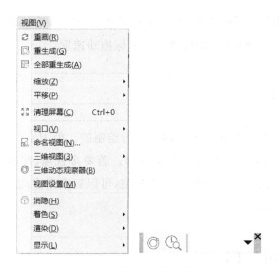

图 10-18　三维动态观察器工具条

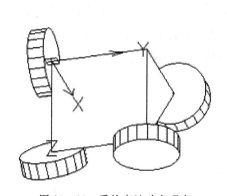

图 10-19　受约束地动态观察

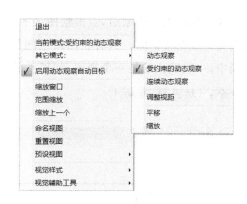

图 10-20　动态观察模式选择

　　点击动态观察按钮,将进入动态观察环境。在"动态观察"环境下,在当前视图中出现一个红色的大圆,在大圆上还有 4 个红色的小圆。此时用户通过拖动鼠标就可以对视图进行旋转观察,如图 10-21 所示。

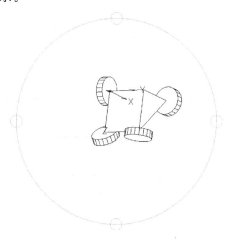

图 10-21　动态观察环境

点击连续动态观察按钮,此时进入"连续动态观察"环境,按住鼠标左键并拖动,图形将按鼠标拖动的方向自动连续旋转,旋转速度为鼠标拖动速度。

10.10　模型空间

前面绘制的所有图形都是在模型空间中进行绘制的。模型空间的多视窗不能同时在一张纸上出图,只能将激活的一个视窗的图形输出。若要多视窗、多视点同时输出图形,必须先到布局(图纸)空间。之后点击绘图区下的模型,可回到模型空间。

命令:〈切换到:Model〉

10.11　布局/图纸空间

在模型空间建好模型后,点击绘图区下的"布局",激活图纸空间,如图 10 - 22 所示。在图纸空间可绘图或出图。只有在图纸空间用多窗口绘制的图才能同时打印在一张图纸上。在布局中,一般默认的是一个视窗,如果不需要可用删除命令删去,再设置多视窗。

命令:〈切换到:布局 1〉

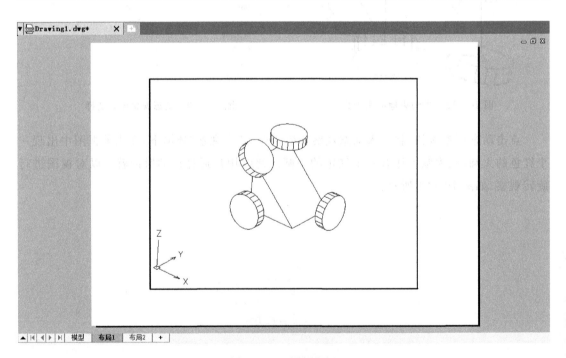

图 10 - 22　图纸空间

10.12　视口变换

CAD 视口是布局中显示模型空间视图的对象。在每个布局上,可以创建一个或多个布局视口。每个布局视口类似于一个按某一比例和所指定方向来观察模型视图的摄像头。一般情况下开设的新图均在模型空间,所绘制的图形也在模型空间。视口变换可以在模型空间进行,也可以在布局(图纸)空间进行。视口变换命令在主菜单项"视图"栏"视口"的下拉菜单中,如图 10-23 所示。点击其下一级菜单中的"命名视口"菜单项,显示如图 10-24 所示对话框,用户可以在该对话框中直观地选取布局格式,可以多视口同时显示。创建视口可以用不同的命令,一个是模型和布局空间通用的视口创建命令 VPORTS,一个是 MVIEW命令。比较常用的是 MVIEW 命令(别名 MV)。VPORTS 命令可以在模型空间或布局空间创建一个或多个视口,MVIEW 是专门针对布局空间创建视口的命令。用 MVIEW 命令创建视口主要分为以下几步:

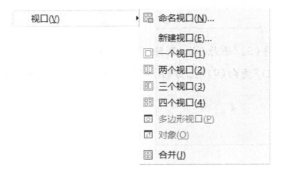

图 10-23　视口下拉菜单

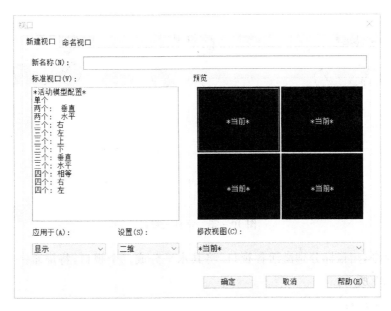

图 10-24　命名视口对话框

1)指定角点创建矩形视口

如果要创建的是矩形视口,而且视口的尺寸比较明确,MV 命令执行后,此时不需要输入任何参数,就可以直接在图形中单击确定矩形视口的第一个角点或输入第一个角点的坐标,然后继续在图面上指定另一个角点或输入另一个角点的坐标。

2)布满布局

执行 MV 命令后〈〉里的默认选项是布满,直接按回车,就会自动根据当前的布局尺寸来生成一个视口。

3)创建多边形视口

执行 MV 命令后,输入 P 选项,就可以直接在布局中绘制一个多边形的视口,绘制多边形的参数与多段线类似,也可以绘制弧线段,最后输入 C 闭合。

下面以九视口为例进行介绍(接 10.8 节坐标变换的例子)。

将视口垂直分成三个,如图 10-25 所示。

操作:视图→视口→三个视口。

```
命令：_-vports
输入选项：[? /保存(S)/还原(R)/删除(D)/单个(SI)/合并(J)/2/3/4]〈3〉:_3
输入选项：[水平(H)/竖向(V)/上方(A)/下方(B)/左边(L)/右边(R)]〈右边〉:v↵
```

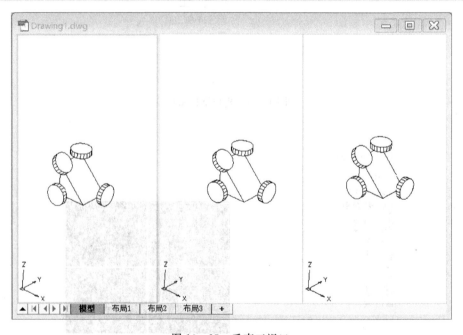

图 10-25　垂直三视口

重复该命令,用鼠标分别激活各视口,将其水平分成三个视口,将屏幕一共分成九个视口,如图 10-26 所示。

```
命令：_-vports
输入选项：[? /保存(S)/还原(R)/删除(D)/单个(SI)/合并(J)/2/3/4]〈3〉:_3
```

输入选项：[水平(H)/竖向(V)/上方(A)/下方(B)/左边(L)/右边(R)]〈右边〉:h↵

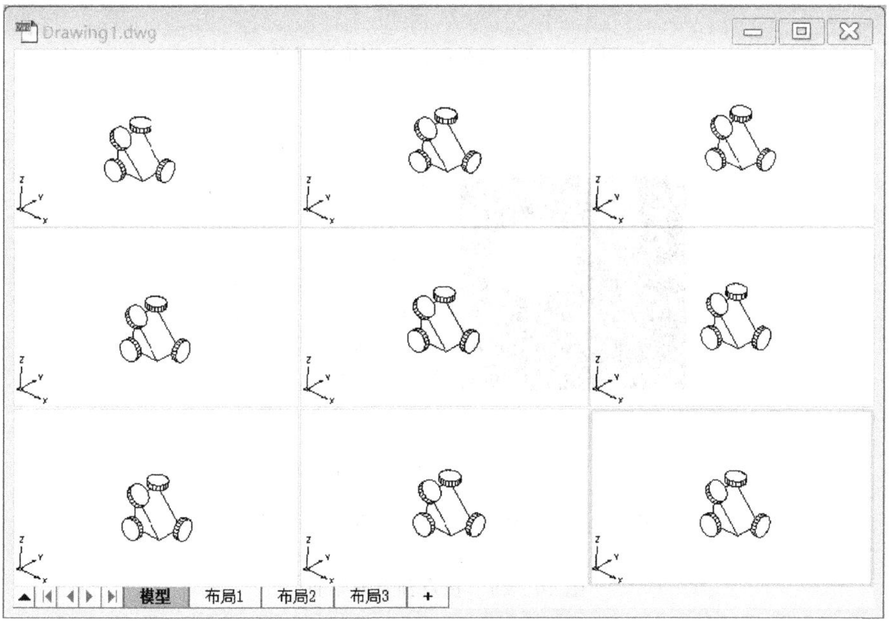

图 10-26　九视口

10.13　三维视图变换

　　视图变换命令在"视图"主菜单项的下拉菜单中,点击"三维视图",即可打开其下一级菜单,如图 10-27 所示。三维视图的图形工具条如图 10-28 所示。在三维视图菜单中,可方便地点击选取常用的前视、俯视、左视、右视等平面视图和西南、东南等角视图。点击菜单中的视点选项,显示如图 10-29 所示的对话框,可在该对话框中直观地选取视角并且可以旋转坐标轴,任意改变视角。要注意,坐标系随视图的平面视点自动变换。

　　分别激活图 10-26 中的各个窗口,按基本视图的投影位置,给各个窗口设置不同的视点。

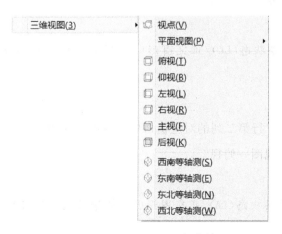

图 10-27　三维视图下拉菜单

图 10-28　三维视图的图形工具条

图 10-29　视点预置对话框

1. 前视图（主视图）

将图 10-26 中第二行第二列的对应窗口中的视图设为前视图。

操作：视图→三维视图→前视 🔲 。

```
命令：_-view
输入选项[?/图层状态(LA)/正交图形(O)/删除(D)/还原(R)/保存(S)/用户坐标系
(U)/窗口(W)]：_front
```

2. 左视图

将图 10-26 中第二行第三列的对应窗口中的视图设为左视图。

操作：视图→三维视图→左视 🔲 。

```
命令：_-view
输入选项[?/图层状态(LA)/正交图形(O)/删除(D)/还原(R)/保存(S)/用户坐标系
(U)/窗口(W)]：_left
```

3. 俯视图

将图 10-26 中第三行第二列的对应窗口中的视图设为俯视图。

操作：视图→三维视图→俯视 🔲 。

```
命令：_-view
输入选项[?/图层状态(LA)/正交图形(O)/删除(D)/还原(R)/保存(S)/用户坐标系
(U)/窗口(W)]：_top
```

4．仰视图

将图 10－26 中第一行第二列的对应窗口中的视图设为仰视图。

操作：视图→三维视图→仰视 ▱ 。

命令：_-view

输入选项 [? /图层状态(LA)/正交图形(O)/删除(D)/还原(R)/保存(S)/用户坐标系(U)/窗口(W)]：_bottom

5．右视图

将图 10－26 中第二行第一列的对应窗口中的视图设为仰视图。

操作：视图→三维视图→右视 ▱ 。

命令：_-view

输入选项 [? /图层状态(LA)/正交图形(O)/删除(D)/还原(R)/保存(S)/用户坐标系(U)/窗口(W)]：_right

6．西南视图

将图 10－26 中第三行第一列的对应窗口中的视图设为西南视图。

操作：视图→三维视图→西南等轴测 ◈ 。

命令：_-view

输入选项 [? /图层状态(LA)/正交图形(O)/删除(D)/还原(R)/保存(S)/用户坐标系(U)/窗口(W)]：_swiso

7．东南视图

将图 10－26 中第三行第三列的对应窗口中的视图设为东南视图。

操作：视图→三维视图→东南等轴测 ◈ 。

命令：_-view

输入选项 [? /图层状态(LA)/正交图形(O)/删除(D)/还原(R)/保存(S)/用户坐标系(U)/窗口(W)]：_seiso

8．东北视图

将图 10－26 中第一行第三列的对应窗口中的视图设为东北视图。

操作：视图→三维视图→东北等轴测 ◈ 。

命令：_-view

输入选项 [? /图层状态(LA)/正交图形(O)/删除(D)/还原(R)/保存(S)/用户坐标系(U)/窗口(W)]：_neiso

9．西北视图

将图 10－26 中第一行第一列的对应窗口中的视图设为西北视图。

操作：视图→三维视图→西北等轴测 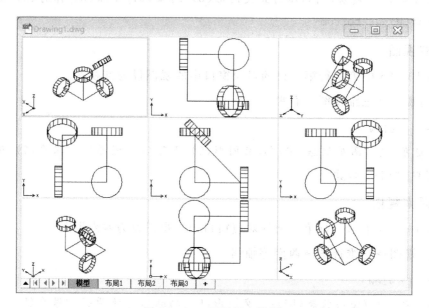。

命令：_-view
输入选项 [? /图层状态(LA)/正交图形(O)/删除(D)/还原(R)/保存(S)/用户坐标系(U)/窗口(W)]：_nwiso

不同视点视图如图 10-30 所示。

图 10-30　不同视点视图

10. 视图→全部重生成

多窗口同时进行刷新，回到网格状态。

命令：_regenall

11. 保存

操作：文件→保存 。

命令：_save UCS(存盘起名为 UCS)

第11章

实体制作命令

本章主要介绍三维建模命令。

在"绘图"主菜单项的下拉菜单中,点击实体菜单项,显示其下一级菜单,如图11-1所示。实体的图形工具条如图11-2所示,在该图形工具条中,可直观地选取常用的基本几何体。本章用实体命令绘制的所有3D立体均是实体,可以进行布尔运算并产生轮廓投影图。

本书均以中望CAD经典界面进行介绍。当用户熟练掌握后,可在三维建模界面下工作。

图11-1 实体下拉菜单

图11-2 实体工具条

学习应用11.1节到11.16节中的实体命令,绘制常用基本几何体。制作完每种图形后,均可观看消隐和着色效果。为了便于观看三维效果,本章命令均预选东南视点,进行中心点缩放。

183

1. 按东南设置视点

操作:视图→三维视图→东南等轴测⟡。

命令: _－view

输入选项［？/图层状态(LA)/正交图形(O)/删除(D)/还原(R)/保存(S)/用户坐标系(U)/窗口(W)］: _seiso

2. 缩放

三维作图时,选用中心点缩放,便于确定屏幕的中心。

操作:视图→缩放→中心点🔍。

命令: '_zoom

指定窗口的角点,输入比例因子 (nX 或 nXP),或者［全部(A)/中心(C)/动态(D)/范围(E)/上一个(P)/比例(S)/窗口(W)/对象(O)］〈实时〉: _c

指定中心点: 40,70 ↵

输入比例或高度〈986.8175〉: 100 ↵

11.1 长方体

绘制长方体时,给出底面第一角的坐标、对角坐标和高度即可,如图 11-3 所示。当长方体的长、宽、高相等或选立方体时,可绘制正方体。

操作:绘图→实体→长方体▣。

命令: _box
指定长方体的第一个角点或［中心(C)］: 0,0 ↵
指定另一个角点或［立方体(C)/长度(L)］: 10,10 ↵
指定高度或［两点(2P)］:20 ↵

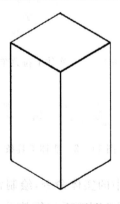

图 11-3 长方体

11.2　球体

绘制球体时,给出圆心和半径即可,如图 11-4 所示。

操作:绘图→实体→球体 ⊜ 。

命令:_sphere
指定中心点或 [三点(3P)/两点(2P)/切点、切点、半径(T)]: 30,0,10 ↲
指定圆的半径或 [直径(D)]:10 ↲

图 11-4　球体

11.3　圆柱体

操作:绘图→实体→圆柱体 🛢 。

(1)绘制圆柱体时,给出底面圆心、半径和高度即可,如图 11-5 所示。

命令:_cylinder
指定底面的中心点或 [三点(3P)/两点(2P)/切点、切点、半径(T)/椭圆(E)]: 70,0 ↲
指定圆的半径或 [直径(D)] 〈10.0000〉:5 ↲
指定高度或 [两点(2P)/中心轴(A)] 〈20.0000〉:10 ↲

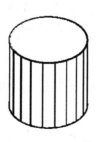

图 11-5　圆柱体

(2)绘制椭圆柱体时,给出底面圆心、长短轴长度和高度即可,如图 11-6 所示。

命令：_cylinder

指定底面的中心点或 [三点(3P)/两点(2P)/切点、切点、半径(T)/椭圆(E)]：e↵

指定椭圆轴的第一端点或 [中心(C)]：100,0↵

椭圆轴线第二端点：20 ↵

另一个轴：5 ↵

指定高度或 [两点(2P)/中心轴(A)]〈10.0000〉：10 ↵

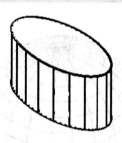

图 11-6 椭圆柱体

11.4 圆锥体

操作：绘图→实体→圆锥体⚠。

(1)绘制圆锥体时,给出底面圆心、半径和高度即可,如图 11-7 所示。

命令：_cone

指定底面的中心点或 [三点(3P)/两点(2P)/切点、切点、半径(T)/椭圆(E)]：0,40 ↵

指定圆的半径或 [直径(D)]〈5.0000〉：10 ↵

指定高度或 [两点(2P)/中心轴(A)/顶面半径(T)]〈10.0000〉：10 ↵

图 11-7 圆锥体

(2)绘制椭圆锥体时,给出底面圆心、长短轴长度和高度即可,如图 11-8 所示。

命令：_cone

指定底面的中心点或 [三点(3P)/两点(2P)/切点、切点、半径(T)/椭圆(E)]：e↵

指定椭圆轴的第一端点或 [中心(C)]：0,40 ↵

椭圆轴线第二端点：20 ↵

另一个轴：5 ↵

指定高度或 [两点(2P)/中心轴(A)/顶面半径(T)] 〈10.0000〉：10 ↵

图 11-8　椭圆锥体

11.5　楔体

绘制楔体时，给出其底面第一角的坐标、对角坐标和高度即可，如图 11-9 所示。

操作：绘图→实体→楔体 ◣。

命令：_wedge

指定楔体的第一个角点或 [中心(C)]：100,40 ↵

指定另一个角点或 [立方体(C)/长度(L)]：@20,10 ↵

指定高度或 [两点(2P)] 〈20.0000〉：10 ↵

图 11-9　楔体

11.6　圆环体

绘制圆环体时，给出其环圆心、半径和管半径即可，如图 11-10 所示。

操作：绘图→实体→圆环体 ◎。

命令：_torus

指定中心点或 [三点(3P)/两点(2P)/切点、切点、半径(T)]：30,80,4 ↵

指定圆的半径或 [直径(D)] 〈10.0000〉：10 ↵

指定圆环半径或 [两点(2P)/直径(D)]：4 ↵

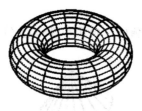

图 11 - 10　圆环体

11.7　螺旋体

绘制螺旋体时,只需给出底面半径、顶面半径和螺旋体高度即可,如图 11 - 11 所示。用户还可以根据需要改变螺旋体的圈数。

操作:绘图→实体→螺旋体 ≣。

命令:_helix

圈数 = 3.0000　　扭曲=逆时针

指定底面的圆心:(任选一点)

指定底面半径或 [直径(D)] 〈1.0000〉:10 ↵

指定顶面半径或 [直径(D)] 〈10.0000〉:↵

指定螺旋高度或 [轴端点(A)/圈数(T)/圈高(H)/扭曲(W)] 〈1.0000〉:10 ↵

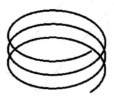

图 11 - 11　螺旋体

11.8　网线密度

网线密度命令用于调整实体表面的网线密度。密度值越大,曲面的网线越多。刷新后可观看改变后曲面网状的效果,用户可以按需求随时使用。

命令:ISOLINES ↵　　　(键入命令)

输入 ISOLINES 的新值〈20〉:10 ↵

11.9　轮廓线

轮廓线命令用于控制是否显示物体的转向轮廓线。刷新后可观看改变后曲面取消网状的效果,用户可以按需求随时使用。

命令:DISPSILH ↵　　　(键入命令)

输入 DISPSILH 的新值〈0〉:1 ↵

注意:1 为显示转向轮廓线,0 为不显示转向轮廓线。

11.10　表面光滑密度

表面光滑密度命令用于调整带阴影和重画的图素以及消隐图素的平滑程度。

命令:FACETRES ↵　　　(键入命令)

输入 FACETRES 的新值〈0.5000〉:2 ↵

注意:在改变各变量后,必须刷新,刷新之后才能观看改变后曲面的效果。

11.11　拉伸体

拉伸体是将一个封闭的底面图形沿其垂直方向拉伸而形成的。图形可以拉伸成柱,若给定倾角,也可以拉伸成锥。因此,在使用拉伸命令之前,必须准备一个封闭的底面图形(可用复合线、多边形等绘制,一定是封闭图形。注意:如果封闭图形是由多段线构成的,必须先用 Pedit 命令将其连接成一体,也可以用面域定制。用边界拉伸的不是实体)。如果沿路径拉伸,还应准备一个路径线。

1. 坐标变换 1

将坐标系绕 X 轴转 90°,以便绘制拉伸体的轮廓线。

操作:工具→新建 UCS→X 。

命令:_ucs

当前在世界 UCS.

指定 UCS 的原点或 [? /面(F)/3 点(3)/删除(D)/对象(OB)/原点(O)/上一个(P)/还原(R)/保存(S)/视图(V)/X/Y/Z/Z 轴(ZA)/世界(W)]〈世界〉:_x

输入绕 X 轴的旋转角度〈90〉:↵

2. 多段线

绘制端面图形,如图 11-12 所示。

操作:绘图→多段线 。

命令:_pline

指定多段线的起点:0,0

当前线宽是 0.0000

指定下一点或 [圆弧(A)/半宽(H)/长度(L)/撤消(U)/宽度(W)]:@20,0 ↵

指定下一点或［圆弧(A)/闭合(C)/半宽(H)/长度(L)/撤消(U)/宽度(W)］：a↵

指定圆弧的端点(按住 Ctrl 键以切换方向)或［角度(A)/圆心(CE)/闭合(CL)/方向(D)/半宽(H)/直线(L)/半径(R)/第二个点(S)/宽度(W)/撤消(U)］：@0,8↵

指定圆弧的端点(按住 Ctrl 键以切换方向)或［角度(A)/圆心(CE)/闭合(CL)/方向(D)/半宽(H)/直线(L)/半径(R)/第二个点(S)/宽度(W)/撤消(U)］：@−13,−3↵

指定圆弧的端点(按住 Ctrl 键以切换方向)或［角度(A)/圆心(CE)/闭合(CL)/方向(D)/半宽(H)/直线(L)/半径(R)/第二个点(S)/宽度(W)/撤消(U)］：@↵

指定圆弧的端点(按住 Ctrl 键以切换方向)或［角度(A)/圆心(CE)/闭合(CL)/方向(D)/半宽(H)/直线(L)/半径(R)/第二个点(S)/宽度(W)/撤消(U)］：d↵

指定起点切向：@3,5↵

指定圆弧的端点(按住 Ctrl 键以切换方向)：@−5,15↵

指定圆弧的端点(按住 Ctrl 键以切换方向)或［角度(A)/圆心(CE)/闭合(CL)/方向(D)/半宽(H)/直线(L)/半径(R)/第二个点(S)/宽度(W)/撤消(U)］：l↵

指定下一点或［圆弧(A)/闭合(C)/半宽(H)/长度(L)/撤消(U)/宽度(W)］：@−2,0↵

指定下一点或［圆弧(A)/闭合(C)/半宽(H)/长度(L)/撤消(U)/宽度(W)］：c↵

图 11−12　绘制端面图形

3. 坐标变换 2

回到世界坐标系。

操作：工具→新建 UCS→世界坐标系。

命令：_ucs

当前 UCS 未命名.

指定 UCS 的原点或［? /面(F)/3 点(3)/删除(D)/对象(OB)/原点(O)/上一个(P)/还原(R)/保存(S)/视图(V)/X/Y/Z/Z 轴(ZA)/世界(W)］〈世界〉：_w

4. 多边形

绘制底面多边形,如图 11−13 所示。

操作：绘图→正多边形。

命令：_polygon

输入边的数目〈4〉或［多个(M)/线宽(W)］：↵

指定正多边形的中心点或［边(E)］：50,20,30 ↵

输入选项［内接于圆(I)/外切于圆(C)]〈C〉：↵

指定圆的半径：20 ↵

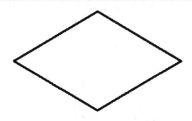

图 11-13　绘制底面多边形

5. 圆

绘制底面圆形。

操作：绘图→圆 ⊙ 。

命令：_circle

指定圆的圆心或［三点(3P)/两点(2P)/切点、切点、半径(T)］：80,20,30 ↵

指定圆的半径或［直径(D)]：4 ↵

6. 三维多段线

绘制拉伸体的路径线，如图 11-14 所示。

操作：绘图→三维多段线。

命令：_3dpoly

指定多段线的起点：80,20,30 ↵

指定直线的端点或［放弃(U)]：@0,0,20 ↵

指定直线的端点或［放弃(U)]：@0,15 ↵

指定直线的端点或［闭合(C)/撤销(U)]：@15,0 ↵

指定直线的端点或［闭合(C)/撤销(U)]：@0,0,20 ↵

指定直线的端点或［闭合(C)/撤销(U)]：↵

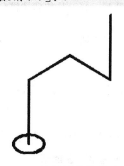

图 11-14　绘制拉伸体的路径线

7. 拉伸体

操作:绘图→实体→拉伸 ▣ 。

(1)拉伸一个沙发面,如图 11-15 所示。

命令:_extrude

当前线框密度: ISOLINES=5,闭合轮廓创建模式=实体

找到 1 个

指定拉伸高度或［方向(D)/路径(P)/倾斜角(T)］〈10.0000〉:30↵

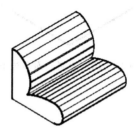

图 11-15 拉伸沙发面

(2)选多边形,拉伸一个四棱锥台,如图 11-16 所示。

命令:_extrude

当前线框密度: ISOLINES=5,闭合轮廓创建模式=实体

找到 1 个

指定拉伸高度或［方向(D)/路径(P)/倾斜角(T)］〈-28.1885〉:t↵

指定拉伸的倾斜角度〈30.0000〉:30↵

指定拉伸高度或［方向(D)/路径(P)/倾斜角(T)］〈-28.1885〉:20↵

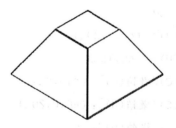

图 11-16 拉伸四棱锥台

(3)拉伸一个曲折柱体,如图 11-17 所示。

命令:_extrude

当前线框密度: ISOLINES=5,闭合轮廓创建模式=实体

找到 1 个(选圆)

指定拉伸高度或［方向(D)/路径(P)/倾斜角(T)］〈20.0000〉:p↵

选择拉伸路径或［倾斜角(T)］:(选 3D 路径线)

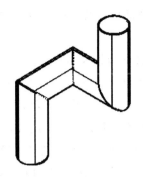

图 11-17　拉伸曲折柱体

11.12　旋转体

旋转体是由一个封闭的断面或截面图形绕与其平行的轴旋转而成的。因此,在使用旋转体命令前,必须准备一个封闭的断面图形(可用复合线绘制,一定要是连续的封闭图形。注意:如果封闭图形是由多段线构成的,必须先用 Pedit 命令将其连接成一体)。不需要绘制旋转轴,旋转轴由两点确定。

1. 坐标变换

将坐标系统 X 轴转 90°,以便绘制旋转体的轮廓线。

操作:工具→新建 UCS→X ⬛ 。

命令:_ucs

当前在世界 UCS.

指定 UCS 的原点或［? /面(F)/3 点(3)/删除(D)/对象(OB)/原点(O)/上一个(P)/还原(R)/保存(S)/视图(V)/X/Y/Z/Z 轴(ZA)/世界(W)]〈世界〉:_x

输入绕 X 轴的旋转角度〈90〉:↵

2. 多段线

操作:绘图→多段线 ⬛ 。

(1)绘制旋转体断面的轮廓线一:灯笼状截面的一半,如图 11-18 所示。

命令:_pline

指定多段线的起点或〈最后点〉:0,0↵

当前线宽是 0.0000

指定下一点或［圆弧(A)/半宽(H)/长度(L)/撤消(U)/宽度(W)]:@5,0↵

指定下一点或［圆弧(A)/闭合(C)/半宽(H)/长度(L)/撤消(U)/宽度(W)]:@0,3↵

指定下一点或［圆弧(A)/闭合(C)/半宽(H)/长度(L)/撤消(U)/宽度(W)]:a↵

指定圆弧的端点(按住 Ctrl 键以切换方向)或［角度(A)/圆心(CE)/闭合(CL)/方向(D)/

半宽(H)/直线(L)/半径(R)/第二个点(S)/宽度(W)/撤消(U)]：ce↵

  指定中心点：@3,7↵

  指定圆弧的端点(按住 Ctrl 键以切换方向)或 [角度(A)/长度(L)]：@0,7↵

  指定圆弧的端点(按住 Ctrl 键以切换方向)或[角度(A)/圆心(CE)/闭合(CL)/方向(D)/

半宽(H)/直线(L)/半径(R)/第二个点(S)/宽度(W)/撤消(U)]：l↵

  指定下一点或 [圆弧(A)/闭合(C)/半宽(H)/长度(L)/撤消(U)/宽度(W)]：@0,3↵

  指定下一点或 [圆弧(A)/闭合(C)/半宽(H)/长度(L)/撤消(U)/宽度(W)]：@−8,0↵

  指定下一点或 [圆弧(A)/闭合(C)/半宽(H)/长度(L)/撤消(U)/宽度(W)]：c↵

图 11-18 灯笼状截面的一半

(2)绘制轮廓线二：图章状截面的一半，如图 11-19 所示。

命令：_pline

当前线宽是 0.0000

  指定下一点或 [圆弧(A)/半宽(H)/长度(L)/撤消(U)/宽度(W)]：@10,0↵

  指定下一点或 [圆弧(A)/闭合(C)/半宽(H)/长度(L)/撤消(U)/宽度(W)]：@0,10↵

  指定下一点或 [圆弧(A)/闭合(C)/半宽(H)/长度(L)/撤消(U)/宽度(W)]：@−5,0↵

  指定下一点或 [圆弧(A)/闭合(C)/半宽(H)/长度(L)/撤消(U)/宽度(W)]：a↵

  指定圆弧的端点(按住 Ctrl 键以切换方向)或[角度(A)/圆心(CE)/闭合(CL)/方向(D)/

半宽(H)/直线(L)/半径(R)/第二个点(S)/宽度(W)/撤消(U)]：@0,5↵

  指定圆弧的端点(按住 Ctrl 键以切换方向)或[角度(A)/圆心(CE)/闭合(CL)/方向(D)/

半宽(H)/直线(L)/半径(R)/第二个点(S)/宽度(W)/撤消(U)]：@0,8↵

  指定圆弧的端点(按住 Ctrl 键以切换方向)或[角度(A)/圆心(CE)/闭合(CL)/方向(D)/

半宽(H)/直线(L)/半径(R)/第二个点(S)/宽度(W)/撤消(U)]：l↵

  指定下一点或 [圆弧(A)/闭合(C)/半宽(H)/长度(L)/撤消(U)/宽度(W)]：@−5,0↵

  指定下一点或 [圆弧(A)/闭合(C)/半宽(H)/长度(L)/撤消(U)/宽度(W)]：c↵

图 11-19 图章状截面的一半

3. 坐标变换

回到世界坐标系。

操作:工具→新建 UCS→世界坐标系 🔯。

命令: _ucs

当前 UCS 未命名.

指定 UCS 的原点或 [? /面(F)/3 点(3)/删除(D)/对象(OB)/原点(O)/上一个(P)/还原
(R)/保存(S)/视图(V)/X/Y/Z/Z 轴(ZA)/世界(W)]〈世界〉: _w

4. 旋转体

操作:绘图→实体→旋转 🗐。

(1)用旋转体构成一个灯笼体,如图 11 - 20 所示。

命令: _revolve

当前线框密度: ISOLINES=5,闭合轮廓创建模式=实体

找到 1 个

指定旋转轴的起始点或通过选项定义轴 [对象(O)/X 轴(X)/Y 轴(Y)/Z 轴(Z)]〈对象〉:
-2,0 ↵

指定轴的端点: @0,0,3 ↵

指定旋转角度或 [起始角度(ST)]〈360.0000〉:↵

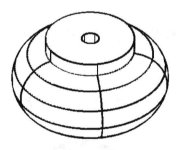

图 11 - 20　旋转灯笼体

(2)用旋转体构成一个图章体,如图 11 - 21 所示。

命令: _revolve

当前线框密度: ISOLINES=5,闭合轮廓创建模式=实体

找到 1 个

指定旋转轴的起始点或通过选项定义轴 [对象(O)/X 轴(X)/Y 轴(Y)/Z 轴(Z)]〈对象〉:
50,0 ↵

指定轴的端点: @0,0,3 ↵

指定旋转角度或 [起始角度(ST)]〈360.0000〉:↵

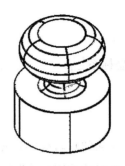

图 11 - 21　旋转图章体

11.13　剖切

剖切是指通过某一点,用一平面将一个实体切割成两部分,选择保留的部分或两部分都保留。

(1)将一个实体切割成两部分,选择保留的部分,如图 11 - 22 所示。

操作:绘图→实体→剖切 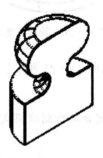。

命令: _slice

选择要剖切的对象:

找到 1 个(选图 11 - 21 所示的旋转体)

选择要剖切的对象:

指定剖切平面起点或 [平面对象(O)/曲面(S)/Z 轴(Z)/视图(V)/XY(XY)/YZ(YZ)/ZX(ZX)/三点(3)]〈三点〉: yz ↵

指定 YZ 平面上的点 〈0,0,0〉: 50,0,0 ↵

在需求平面的一侧拾取一点或 [保留两侧(B)]〈两侧〉: 0,0 ↵

图 11 - 22　切割体(保留一部分)

(2)将一个实体切割成两部分,两部分都保留,如图 11-23 所示。

操作:绘图→实体→剖切 。

命令:_slice
选择要剖切的对象:
找到 1 个
选择要剖切的对象:
指定剖切平面起点或[平面对象(O)/曲面(S)/Z 轴(Z)/视图(V)/XY(XY)/YZ(YZ)/ZX
(ZX)/三点(3)]〈三点〉:zx↵
指定 ZX 平面上的点〈0,0,0〉:50,0,0↵
在需求平面的一侧拾取一点或[保留两侧(B)]〈两侧〉:b↵

图 11-23　切割体(两部分都保留)

(3)移动。

操作:修改→移动 。

将前半部移开,以便观看效果,如图 11-24 所示。

命令:_move
选择对象:
找到 1 个(选择前半部分)
选择对象:↵
指定基点或[位移(D)]〈位移〉:0,-20↵
指定第二点的位移或者〈使用第一点当作位移〉:↵

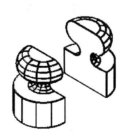

图 11-24　切割体两部分效果

11.14 剖面

在机械制图中经常要绘制剖面图,通过剖面命令可以方便地制作剖面轮廓。

1. 剖面

通过某一点,在某一方向给物体作一剖面轮廓。

命令:_SECTION

选择对象:

找到 1 个(选择图 11-20)

选择对象:↵

指定截面上的第一个点,通过 [对象(O)/Z 轴(Z)/视图(V)/XY(XY)/YZ(YZ)/ZX(ZX)] ⟨三点⟩: zx ↵

指定 ZX 平面上的点 ⟨0,0,0⟩: ↵

2. 移动

剖面轮廓与物体重合在一起,移开物体以便观看效果,如图 11-25 所示。

操作:修改→移动 。

命令:_move

选择对象:

找到 1 个(选择图 11-20)

选择对象:↵

指定基点或 [位移(D)] ⟨位移⟩: 20,0,0 ↵

指定第二点的位移或者 ⟨使用第一点当作位移⟩: 60 ↵

图 11-25　剖面

11.15 扫掠

扫掠是将一个封闭的底面图形沿一路径线拉伸而成的。因此,在使用扫掠命令之前,必须准备一个封闭的底面图形(可用复合线、多边形等绘制,一定要是封闭图形。注意:如果封闭图形是由多段线构成的,必须先用 Pedit 命令将其连接成一体。也可以用面域定制封闭图形),还应准备一个扫掠的路径线。

1. 螺旋线

绘制螺旋线(见 11.7 节图 11-11)。

2. 坐标变换

将坐标系统 X 轴转 90°,以便绘制旋转体的轮廓线。

操作:工具→新建 UCS→X 🔍。

命令:_ucs
当前在世界 UCS.
指定 UCS 的原点或 [? /面(F)/3 点(3)/删除(D)/对象(OB)/原点(O)/上一个(P)/还原(R)/保存(S)/视图(V)/X/Y/Z/Z 轴(ZA)/世界(W)]〈世界〉:_x
输入绕 X 轴的旋转角度〈90〉:↵

3. 圆

绘制底面圆形。

操作:绘图→圆 ⊙。

命令:_circle
指定圆的圆心或 [三点(3P)/两点(2P)/切点、切点、半径(T)]:(捕捉螺旋线的端点)
指定圆的半径或 [直径(D)]〈4.0000〉:1 ↵

4. 扫掠

用扫掠构成一个弹簧体,如图 11-26 所示。

操作:绘图→实体→扫掠 🔧。

命令:_sweep
当前线框密度: ISOLINES=5,闭合轮廓创建模式=实体
选择要扫掠的对象或 [模式(MO)]:
找到 1 个(选择圆)
选择要扫掠的对象或 [模式(MO)]:↵
选择扫掠路径或 [对齐(A)/基点(B)/比例(S)/扭曲(T)]:(选择螺旋线)

图 11-26　扫掠

11.16　放样

放样是指将几个封闭的平面图形混合起来。因此,在使用放样命令之前,必须准备几个封闭的平面图形(可用复合线、多边形等绘制,一定要是封闭图形)。

1. 绘制圆

绘制底面圆形。

操作:绘图→圆 ⊙。

```
命令:_circle
指定圆的圆心或 [三点(3P)/两点(2P)/切点、切点、半径(T)]:50,50 ↵
指定圆的半径或 [直径(D)]〈1.0000〉:20 ↵
```

2. 已知圆心及一个端点绘制椭圆

绘制两个和底面圆形同心的椭圆,如图 11 - 27 所示。

```
命令:_ellipse
指定椭圆的第一个端点或 [弧(A)/中心(C)]:_c
指定椭圆的中心:50,50 ↵
指定轴向第二端点:60 ↵
指定其他轴或 [旋转(R)]:30 ↵
```

```
命令:_ellipse
指定椭圆的第一个端点或 [弧(A)/中心(C)]:_c
指定椭圆的中心:50,50 ↵
指定轴向第二端点:30 ↵
指定其他轴或 [旋转(R)]:60 ↵
```

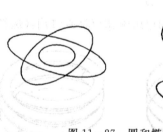

图 11 - 27　圆和椭圆

3. 按西南设置视点

操作:视图→三维视图→西南等轴测◈。

命令: _-view

输入选项[?/图层状态(LA)/正交图形(O)/删除(D)/还原(R)/保存(S)/用户坐标系(U)/窗口(W)]: _swiso

4. 放样

用放样构成一个物体,如图 11-28 所示。

操作:绘图→实体→放样◈。

命令: _loft
当前线框密度: ISOLINES=5,闭合轮廓创建模式=实体
按放样次序选择横截面或[模式(MO)]:
找到 1 个
按放样次序选择横截面或[模式(MO)]:
找到 1 个,总计 2 个
按放样次序选择横截面或[模式(MO)]:
找到 1 个,总计 3 个
按放样次序选择横截面或[模式(MO)]:↵
输入选项[导向(G)/路径(P)/仅横截面(C)/设置(S)]〈仅横截面〉:↵

(a) 三维线框图   (b) 着色效果

图 11-28 放样

第 12 章

实体修改命令

本章主要介绍三维实体修改及编辑命令。

在"修改"主菜单项的下拉菜单中,点击实体编辑菜单项,显示下一级菜单,如图 12-1 所示。实体编辑的图形工具条如图 12-2 所示。三维实体的编辑主要是对三维实体上的各个面或边进行单独修改,包括:对面进行拉伸、移动、旋转、偏移、倾斜、删除、复制、着色;单独对边进行复制及着色修改;可以在实体上印刷平面图案;对实体进行抽壳。此功能使人们对一些实体进行三维造型变得十分简便。

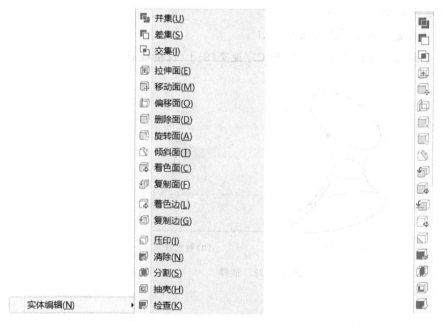

实体编辑(N)
- 并集(U)
- 差集(S)
- 交集(I)
- 拉伸面(E)
- 移动面(M)
- 偏移面(O)
- 删除面(D)
- 旋转面(A)
- 倾斜面(T)
- 着色面(C)
- 复制面(F)
- 着色边(L)
- 复制边(G)
- 压印(I)
- 清除(N)
- 分割(S)
- 抽壳(H)
- 检查(K)

图 12-1　实体编辑图形下拉菜单　　　　　　图 12-2　实体编辑图形工具条

12.1　并集

并集就是将两个或多个物体相加成一个物体,即求和。

1. 圆锥体

绘制垂直圆锥体。

操作:绘图→实体→圆锥体△。

```
命令:_cone
指定底面的中心点或 [三点(3P)/两点(2P)/切点、切点、半径(T)/椭圆(E)]:15↙
指定圆的半径或 [直径(D)]〈40.0000〉:10↙
指定高度或 [两点(2P)/中心轴(A)/顶面半径(T)]〈131.5900〉:40↙
```

2. 坐标变换

将坐标系统 X 轴转 $90°$,以便绘制水平圆柱体。

操作:工具→新建 UCS→X ⬚。

```
命令:_ucs
当前在世界 UCS.
指定 UCS 的原点或 [? /面(F)/3 点(3)/删除(D)/对象(OB)/原点(O)/上一个(P)/还原
(R)/保存(S)/视图(V)/X/Y/Z/Z 轴(ZA)/世界(W)]〈世界〉:_x
输入绕 X 轴的旋转角度〈90〉:↙
```

3. 圆柱体

绘制水平圆柱体。

操作:绘图→实体→圆柱体🗄。

```
命令:_cylinder。
指定底面的中心点或 [三点(3P)/两点(2P)/切点、切点、半径(T)/椭圆(E)]:10↙。
指定圆的半径或 [直径(D)]〈5.0000〉:2↙。
指定高度或 [两点(2P)/中心轴(A)]〈-30.0000〉:-30↙。
```

4. 并集

将相交的两个物体加在一起,如图 12-3 所示。

操作:修改→实体编辑→并集🗗。

```
命令:_union
选择对象求和:
找到 1 个(选圆柱体)
选择对象求和:
找到 1 个,总计 2 个(选圆锥体)
选择对象求和:↙
```

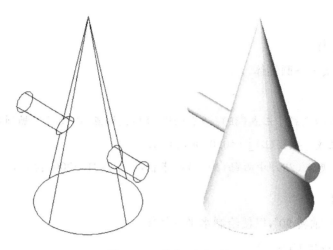

图 12-3　并集(求和)体

12.2　差集

差集就是从一个或多个物体中减去另一个或另几个相交物体,即求差(先选取的几个物体是加,回车后选取的几个物体是减,注意选取物体的顺序)。

1. 圆锥体

绘制圆锥体。

操作:绘图→实体→圆锥体⚠。

```
命令:_cone
指定底面的中心点或［三点(3P)/两点(2P)/切点、切点、半径(T)/椭圆(E)］:15,0↵
指定圆的半径或［直径(D)］〈40.0000〉:10↵
指定高度或［两点(2P)/中心轴(A)/顶面半径(T)］〈131.5900〉:30↵
```

2. 圆环体

绘制圆环体。

操作:绘图→实体→圆环体◎。

```
命令:_torus
指定中心点或［三点(3P)/两点(2P)/切点、切点、半径(T)］:15,0,2↵
指定圆的半径或［直径(D)］〈10.0000〉:10↵
指定圆环半径或［两点(2P)/直径(D)］〈3.0000〉:3↵
```

3. 差集

从圆锥中减去圆环体,如图 12-4 所示。

操作:修改→实体编辑→差集 🔲。

命令：_subtract
选择要从中减去的实体,曲面和面域：
找到 1 个(先选被减圆锥体)
选择要从中减去的实体,曲面和面域：↵
选择要减去的实体,曲面和面域：
找到 1 个(后选减去圆环体)
选择要减去的实体,曲面和面域：↵

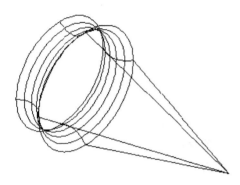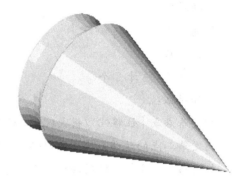

图 12 - 4　差集(求差)体

12.3　交集

交集是求两个或几个相交在一起的物体的共有部分。求交结果与选取物体的顺序无关。中望 CAD 提供了两种求交方式:一种是保留原物体求交;另一种是不保留原物体求交。

1. 楔体

绘制楔体。

操作:绘图→实体→楔体 🔷。

命令：_wedge
指定楔体的第一个角点或 [中心(C)]: -10,-10 ↵
指定另一个角点或 [立方体(C)/长度(L)]: @30,20 ↵
指定高度或 [两点(2P)]:15 ↵

2. 圆锥体

绘制圆锥体。

操作:绘图→实体→圆锥体 △。

命令：_cone

指定底面的中心点或［三点(3P)/两点(2P)/切点、切点、半径(T)/椭圆(E)］：0,0,0↵

指定圆的半径或［直径(D)］〈10.0000〉：10↵

指定高度或［两点(2P)/中心轴(A)/顶面半径(T)］〈30.0000〉：20↵

3. 复制

复制同样的楔体和圆锥体。

操作：修改→复制 ⌐。

命令：_copy

选择对象：

找到 1 个

选择对象：

找到 1 个,总计 2 个

选择对象：↵

指定基点或［位移(D)/模式(O)］〈位移〉：

指定第二点的位移或者［阵列(A)］〈使用第一点当作位移〉：

指定第二个点或［阵列(A)/退出(E)/放弃(U)］〈退出〉：↵

4. 交集

不保留原物体求交,如图 12-5 所示。

操作：修改→实体编辑→交集 ⌐。

命令：_intersect

选取要相交的对象：

找到 1 个(选楔形体)

选取要相交的对象：

找到 1 个,总计 2 个(选圆锥体)

选取要相交的对象：↵

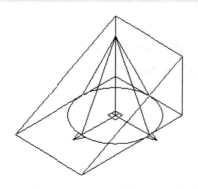
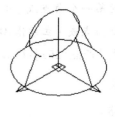

图 12-5　交集(求交)体

5. 干涉(求交)

检查两物体是否干涉,也可保留原物体求交,系统自动比较两个相交的物体,如图 12-6 所示。

```
命令:_INF
INTERFERE
选择第一组对象:
找到 1 个(选复制的楔形体)
选择第一组对象:
找到 1 个,总计 2 个(选复制的圆锥体)
选择第一组对象:↵
选择第二组对象:↵
相互比较 2 对象.
干涉对象对数目:1
创建干涉对象吗?[是(Y)/否(N)]〈否〉:y↵
高亮显示相互干涉的对象对吗?[是(Y)/否(N)]〈否〉:y↵
输入选项[下一对(N)/退出(X)]〈退出〉:↵
```

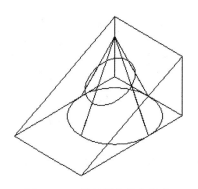

图 12-6　保留原物体交集体

12.4　实体面的拉伸

拉伸三维实体面的操作与使用 EXTRUDE 命令将一个二维平面对象拉伸成三维实体的操作相类似,同样可以沿着指定的路径拉伸,或者指定拉伸高度和拉伸倾斜角度进行拉伸。实体面的法向作为拉伸时的正方向,如果输入的拉伸高度是正值,则表示沿着实体面的法向进行拉伸,否则将沿着其法向的反向进行拉伸。当拉伸的倾斜角为正值时,实体面拉伸时是收缩的,反之是放大的。如果输入的拉伸倾斜角或高度偏大,致使实体面未达到拉伸高度前已收缩为一个点,则不能拉伸。注意,所有面的选取一定要点选面的中部,如选取面的边界,则同时选取边界两侧的两个面。

操作:修改→实体编辑→拉伸面 ▦ 。

(1)拉伸三维实体面,以 11.11 节中的拉伸四棱锥台为例,如图 12 - 7 所示。如不指定角度,也可平行拉伸面。

命令:_solidedit

输入实体编辑选项[面(F)/边(E)/体(B)/放弃(U)/退出(X)]〈退出〉:_face

输入面编辑选项[拉伸(E)/移动(M)/旋转(R)/偏移(O)/倾斜(T)/删除(D)/复制(C)/颜色(L)/放弃(U)/退出(X)]〈退出〉:_extrude

选择面或[放弃(U)/删除(R)]:找到 1 个面。

选择面或[放弃(U)/删除(R)/全部(ALL)]:↵

指定拉伸高度或[路径(P)]:20 ↵

指定拉伸的倾斜角度〈0.0000〉:20 ↵

输入面编辑选项[拉伸(E)/移动(M)/旋转(R)/偏移(O)/倾斜(T)/删除(D)/复制(C)/颜色(L)/放弃(U)/退出(X)]〈退出〉:↵

输入实体编辑选项[面(F)/边(E)/体(B)/放弃(U)/退出(X)]〈退出〉:↵

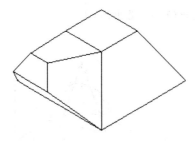

图 12 - 7　拉伸三维实体面

(2)沿路径拉伸三维实体面,如图 12 - 8 所示。

命令:_PLINE

指定多段线的起点:(捕捉棱台斜面上的一点)

当前线宽是 0.0000

指定下一点或[圆弧(A)/半宽(H)/长度(L)/撤消(U)/宽度(W)]:a↵

指定圆弧的端点(按住 Ctrl 键以切换方向)或[角度(A)/圆心(CE)/方向(D)/半宽(H)/直线(L)/半径(R)/第二个点(S)/宽度(W)/撤消(U)]:r↵

指定半径:90 ↵

指定圆弧的端点(按住 Ctrl 键以切换方向)或[角度(A)]:a↵

指定分段的包含角度:90 ↵

指定弦的方向〈0〉:↵

指定圆弧的端点(按住 Ctrl 键以切换方向)或[角度(A)/圆心(CE)/闭合(CL)/方向(D)/

半宽(H)/直线(L)/半径(R)/第二个点(S)/宽度(W)/撤消(U)]：↵

　　点选四棱台面,沿路径拉伸

　　命令：_solidedit

　　输入实体编辑选项［面(F)/边(E)/体(B)/放弃(U)/退出(X)]〈退出〉：_face

　　输入面编辑选项[拉伸(E)/移动(M)/旋转(R)/偏移(O)/倾斜(T)/删除(D)/复制(C)/颜色(L)/放弃(U)/退出(X)]〈退出〉：_extrude

　　选择面或［放弃(U)/删除(R)]：找到 1 个面

　　选择面或［放弃(U)/删除(R)/全部(ALL)]：↵

　　指定拉伸高度或［路径(P)]：p↵

　　选择拉伸路径：(点选刚画的弧)

　　输入面编辑选项[拉伸(E)/移动(M)/旋转(R)/偏移(O)/倾斜(T)/删除(D)/复制(C)/颜色(L)/放弃(U)/退出(X)]〈退出〉：↵

　　输入实体编辑选项［面(F)/边(E)/体(B)/放弃(U)/退出(X)]〈退出〉：↵

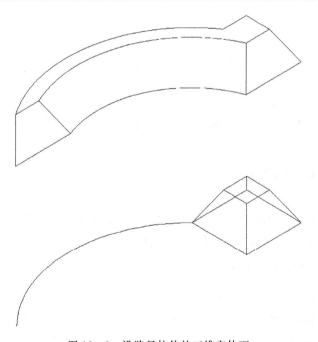

图 12 - 8　沿路径拉伸的三维实体面

12.5　实体面的移动

　　实体面的移动是指将三维实体中的面移动到指定的位置。利用该功能可以方便地将实体图形的孔面从一个位置准确地移动到其他位置。用鼠标选取孔面,如图 12 - 9 所示。

　　操作：修改→实体编辑→移动面 。

命令：_solidedit

输入实体编辑选项 [面(F)/边(E)/体(B)/放弃(U)/退出(X)]〈退出〉：_face

输入面编辑选项[拉伸(E)/移动(M)/旋转(R)/偏移(O)/倾斜(T)/删除(D)/复制(C)/颜色(L)/放弃(U)/退出(X)]〈退出〉：_move

选择面或 [放弃(U)/删除(R)]：找到 1 个面

选择面或 [放弃(U)/删除(R)/全部(ALL)]：↵

指定方向的起点：

指定方向的端点：

输入面编辑选项[拉伸(E)/移动(M)/旋转(R)/偏移(O)/倾斜(T)/删除(D)/复制(C)/颜色(L)/放弃(U)/退出(X)]〈退出〉：↵

输入实体编辑选项 [面(F)/边(E)/体(B)/放弃(U)/退出(X)]〈退出〉：↵

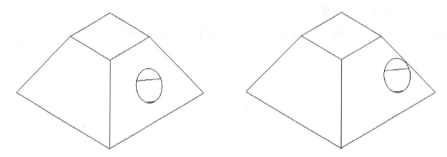

图 12-9　实体面的移动

12.6　实体面的等距偏移

实体面的等距偏移是指将实体中的一个或多个面以相等的指定距离移动或通过指定的点移动。用鼠标选取左侧面偏移，如图 12-10 所示。

操作：修改→实体编辑→偏移面 ▱。

命令：_solidedit

输入实体编辑选项 [面(F)/边(E)/体(B)/放弃(U)/退出(X)]〈退出〉：_face

输入面编辑选项[拉伸(E)/移动(M)/旋转(R)/偏移(O)/倾斜(T)/删除(D)/复制(C)/颜色(L)/放弃(U)/退出(X)]〈退出〉：_offset

选择面或 [放弃(U)/删除(R)]：找到 1 个面

选择面或 [放弃(U)/删除(R)/全部(ALL)]：↵

指定偏移距离：20 ↵

输入面编辑选项[拉伸(E)/移动(M)/旋转(R)/偏移(O)/倾斜(T)/删除(D)/复制(C)/颜色(L)/放弃(U)/退出(X)]〈退出〉：↵

输入实体编辑选项 [面(F)/边(E)/体(B)/放弃(U)/退出(X)]〈退出〉：↵

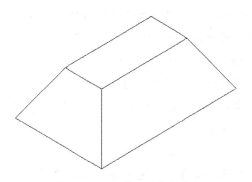

图 12-10　实体面的等距偏移

12.7　实体面的删除

实体面的删除功能是指将三维实体中的一个或多个面从实体中删去,例如将四棱锥变成三棱锥。

操作:修改→实体编辑→删除面 ▱ 。

命令：_solidedit

输入实体编辑选项 [面(F)/边(E)/体(B)/放弃(U)/退出(X)]〈退出〉:_face

输入面编辑选项[拉伸(E)/移动(M)/旋转(R)/偏移(O)/倾斜(T)/删除(D)/复制(C)/颜色(L)/放弃(U)/退出(X)]〈退出〉:_delete

选择面或 [放弃(U)/删除(R)]:找到 1 个面

选择面或 [放弃(U)/删除(R)/全部(ALL)]:找到 1 个面

选择面或 [放弃(U)/删除(R)/全部(ALL)]:↵

输入面编辑选项[拉伸(E)/移动(M)/旋转(R)/偏移(O)/倾斜(T)/删除(D)/复制(C)/颜色(L)/放弃(U)/退出(X)]〈退出〉:↵

输入实体编辑选项 [面(F)/边(E)/体(B)/放弃(U)/退出(X)]〈退出〉:↵

12.8　实体面的旋转

实体面的旋转是将实体中的一个或多个面绕指定的轴旋转一个角度。它与使用将一个二维平面图形旋转成三维实体图形的操作类似。旋转轴可以通过指定两点或选择一个对象来确定,也可以采用 UCS 的坐标轴为旋转轴,如图 12-11 所示。

用鼠标选取实体前面旋转。

操作:修改→实体编辑→旋转面 ▱ 。

命令：_solidedit

输入实体编辑选项 [面(F)/边(E)/体(B)/放弃(U)/退出(X)]〈退出〉:_face

　　输入面编辑选项[拉伸(E)/移动(M)/旋转(R)/偏移(O)/倾斜(T)/删除(D)/复制(C)/颜色(L)/放弃(U)/退出(X)]〈退出〉：_rotate

　　选择面或[放弃(U)/删除(R)]：找到 2 个面

　　选择面或[放弃(U)/删除(R)/全部(ALL)]：↵

　　指定轴点或[经过对象的轴(A)/视图(V)/X 轴(X)/Y 轴(Y)/Z 轴(Z)]〈两点〉：

　　在旋转轴上指定第二个点：

　　指定旋转角度或[参照(R)]：30 ↵

　　输入面编辑选项[拉伸(E)/移动(M)/旋转(R)/偏移(O)/倾斜(T)/删除(D)/复制(C)/颜色(L)/放弃(U)/退出(X)]〈退出〉：↵

　　输入实体编辑选项[面(F)/边(E)/体(B)/放弃(U)/退出(X)]〈退出〉：↵

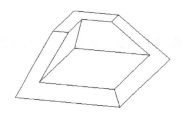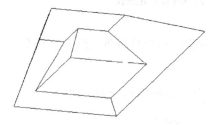

图 12 - 11　实体面的旋转

12.9　实体面的倾斜

　　实体面的倾斜功能是将实体中的一个或多个面按指定的角度进行倾斜。当输入的倾斜角度为正值时，实体面将向内收缩倾斜，否则将向外放大倾斜，如图 12 - 12 所示。

　　用鼠标选取实体前面旋转。

　　操作：修改→实体编辑→倾斜面 ⬚。

　　命令：_solidedit

　　输入实体编辑选项[面(F)/边(E)/体(B)/放弃(U)/退出(X)]〈退出〉：_face

　　输入面编辑选项[拉伸(E)/移动(M)/旋转(R)/偏移(O)/倾斜(T)/删除(D)/复制(C)/颜色(L)/放弃(U)/退出(X)]〈退出〉：_rotate

　　选择面或[放弃(U)/删除(R)]：找到 1 个面

　　选择面或[放弃(U)/删除(R)/全部(ALL)]：↵

　　指定轴点或[经过对象的轴(A)/视图(V)/X 轴(X)/Y 轴(Y)/Z 轴(Z)]〈两点〉：(捕捉点)

　　在旋转轴上指定第二个点：(捕捉右侧面两点)

　　指定旋转角度或[参照(R)]：20 ↵

　　输入面编辑选项[拉伸(E)/移动(M)/旋转(R)/偏移(O)/倾斜(T)/删除(D)/复制(C)/颜色(L)/放弃(U)/退出(X)]〈退出〉：↵

　　输入实体编辑选项[面(F)/边(E)/体(B)/放弃(U)/退出(X)]〈退出〉：↵

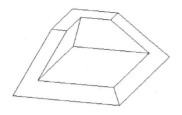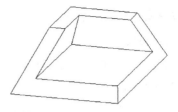

图 12-12　实体面的倾斜

12.10　实体面的复制

实体面的复制功能是将三维实体中的一个或多个面复制成与原面平行的三维表面,如图 12-13 所示。

操作:修改→实体编辑→复制面 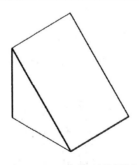。

命令:_solidedit
输入实体编辑选项 [面(F)/边(E)/体(B)/放弃(U)/退出(X)] 〈退出〉:_face
输入面编辑选项[拉伸(E)/移动(M)/旋转(R)/偏移(O)/倾斜(T)/删除(D)/复制(C)/颜色(L)/放弃(U)/退出(X)] 〈退出〉:_copy
选择面或 [放弃(U)/删除(R)]:找到 1 个面
选择面或 [放弃(U)/删除(R)/全部(ALL)]:↵
指定方向的起点:
指定方向的端点:
输入面编辑选项[拉伸(E)/移动(M)/旋转(R)/偏移(O)/倾斜(T)/删除(D)/复制(C)/颜色(L)/放弃(U)/退出(X)] 〈退出〉:↵
输入实体编辑选项 [面(F)/边(E)/体(B)/放弃(U)/退出(X)] 〈退出〉:↵

图 12-13　实体面的复制

12.11　实体面颜色的改变

此命令把实体中的一个或多个面的颜色进行重新设置。注意要选取面的中部,如果选取面的边界,会同时选中边界两侧的两个面。

213

操作：修改→实体编辑→着色面 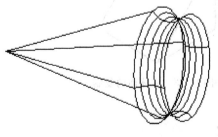 。

命令：_solidedit

输入实体编辑选项［面(F)/边(E)/体(B)/放弃(U)/退出(X)]〈退出〉：_face

输入面编辑选项［拉伸(E)/移动(M)/旋转(R)/偏移(O)/倾斜(T)/删除(D)/复制(C)/颜色(L)/放弃(U)/退出(X)]〈退出〉：_color

选择面或［放弃(U)/删除(R)］：找到 1 个面

选择面或［放弃(U)/删除(R)/全部(ALL)］：↵

输入面编辑选项［拉伸(E)/移动(M)/旋转(R)/偏移(O)/倾斜(T)/删除(D)/复制(C)/颜色(L)/放弃(U)/退出(X)]〈退出〉：↵

输入实体编辑选项［面(F)/边(E)/体(B)/放弃(U)/退出(X)]〈退出〉：↵

12.12　复制实体的边

利用此命令将三维实体的边复制为单独的图形对象，能复制成的单独对象可以是直线、圆弧、圆、椭圆或样条曲线，如图 12 - 14 所示。

操作：修改→实体编辑→复制边  。

命令：_solidedit

输入实体编辑选项［面(F)/边(E)/体(B)/放弃(U)/退出(X)]〈退出〉：_edge

输入边编辑选项［复制(C)/着色(L)/放弃(U)/退出(X)]〈退出〉：_copy

选择边或［放弃(U)/删除(R)］：找到 1 条边

选择边或［放弃(U)/删除(R)/全部(ALL)］：↵

指定方向的起点：

指定方向的端点：

输入边编辑选项［复制(C)/着色(L)/放弃(U)/退出(X)]〈退出〉：↵

输入实体编辑选项［面(F)/边(E)/体(B)/放弃(U)/退出(X)]〈退出〉：↵

图 12 - 14　实体边的复制

12.13　实体边的颜色修改

利用该命令可修改三维实体单独边的颜色。

操作:修改→实体编辑→着色边 🔲。

```
命令:_solidedit
输入实体编辑选项 [面(F)/边(E)/体(B)/放弃(U)/退出(X)] 〈退出〉:_edge
输入边编辑选项[复制(C)/着色(L)/放弃(U)/退出(X)] 〈退出〉:_color
选择边或 [放弃(U)/删除(R)]:找到 1 条边
选择边或 [放弃(U)/删除(R)/全部(ALL)]:↵
输入边编辑选项[复制(C)/着色(L)/放弃(U)/退出(X)] 〈退出〉:↵
输入实体编辑选项 [面(F)/边(E)/体(B)/放弃(U)/退出(X)] 〈退出〉:↵
```

12.14　实体的压印

在中望 CAD 中,可以将一些平面图形对象压印在三维实体的面上,从而创建新的面。需要注意的是,要压印的对象必须与所选实体中的一个或多个面相交,否则不能执行此功能。这些对象可以是直线、圆弧、圆、二维或三维多义线、样条曲线、面域和三维实体等,如图 12-15 所示。

1. 画正六边形

操作:绘图→正多边形 ⬠。

```
输入边的数目 〈4〉 或 [多个(M)/线宽(W)]:6 ↵
指定正多边形的中心点或 [边(E)]:
输入选项 [内接于圆(I)/外切于圆(C)] 〈C〉:↵
指定圆的半径:5 ↵
```

2. 拉伸

操作:绘图→实体→拉伸 ⬛。

```
命令:_extrude
当前线框密度: ISOLINES=4,闭合轮廓创建模式=实体
选择对象或 [模式(MO)]:
找到 1 个
选择对象或 [模式(MO)]:↵
指定拉伸高度或 [方向(D)/路径(P)/倾斜角(T)]:(点选)
```

3. 画圆

操作：绘图→圆→圆心、半径 ⊙ 。

用鼠标捕捉多边形上的点，绘制圆。

```
命令：_circle
指定圆的圆心或［三点(3P)/两点(2P)/切点、切点、半径(T)]:(捕捉点)
指定圆的半径或［直径(D)]〈4.0000〉:4↙
```

4. 压印

操作：修改→实体编辑→压印 ▱ 。

```
命令：_solidedit
输入实体编辑选项［面(F)/边(E)/体(B)/放弃(U)/退出(X)]〈退出〉:_body
输入体编辑选项［压印(I)/分割实体(P)/抽壳(S)/清除(L)/检查(C)/放弃(U)/退出
(X)]〈退出〉:_imprint
选择三维实体:(用鼠标选取实体)
选择要压印的对象:(用鼠标选取圆)
是否删除源对象［是(Y)/否(N)]〈否〉:y↙
选择要压印的对象:(用鼠标选取圆)
是否删除源对象［是(Y)/否(N)]〈否〉:y↙
选择要压印的对象:↙
输入体编辑选项［压印(I)/分割实体(P)/抽壳(S)/清除(L)/检查(C)/放弃(U)/退出
(X)]〈退出〉:↙
输入实体编辑选项［面(F)/边(E)/体(B)/放弃(U)/退出(X)]〈退出〉:↙
```

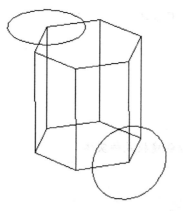 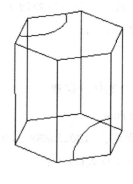

图 12-15　实体的压印

12.15　实体的清除

利用该命令可以将三维实体上所有多余的边、压印到实体上的对象以及不再使用的对象清除。

操作:修改→实体编辑→清除 。

```
命令:_solidedit
输入实体编辑选项 [面(F)/边(E)/体(B)/放弃(U)/退出(X)]〈退出〉:_body
输入体编辑选项 [压印(I)/分割实体(P)/抽壳(S)/清除(L)/检查(C)/放弃(U)/退出
(X)]〈退出〉:_clean
选择三维实体:(选取图 12-15 所示实体)
输入体编辑选项 [压印(I)/分割实体(P)/抽壳(S)/清除(L)/检查(C)/放弃(U)/退出
(X)]〈退出〉:↵
输入实体编辑选项 [面(F)/边(E)/体(B)/放弃(U)/退出(X)]〈退出〉:↵
```

12.16　实体的有效性检查

实体的有效检查是指检查实体对象是否为有效的 ACIS 三维实体模型。该命令由系统变量 SOLIDCHECK 控制。当 SOLIDCHECK=1 时,进行有效性检查;否则不进行此项检查。

操作:修改→实体编辑→检查 。

```
命令:_solidedit
输入实体编辑选项 [面(F)/边(E)/体(B)/放弃(U)/退出(X)]〈退出〉:_body
输入体编辑选项 [压印(I)/分割实体(P)/抽壳(S)/清除(L)/检查(C)/放弃(U)/退出
(X)]〈退出〉:_check
选择三维实体:(用鼠标选取)
此对象是有效的三维实体
输入体编辑选项 [压印(I)/分割实体(P)/抽壳(S)/清除(L)/检查(C)/放弃(U)/退出
(X)]〈退出〉:↵
输入实体编辑选项 [面(F)/边(E)/体(B)/放弃(U)/退出(X)]〈退出〉:↵
```

12.17　实体的抽壳

实体的等距抽壳是将实体以相等的指定距离制作成薄壁壳体。例如对于一个长方体,选取的位置不同,抽壳的结果也不同,如图 12-16 所示。

操作:修改→实体编辑→抽壳 ⬜ 。

命令:_solidedit

输入实体编辑选项[面(F)/边(E)/体(B)/放弃(U)/退出(X)]〈退出〉:_body

输入体编辑选项[压印(I)/分割实体(P)/抽壳(S)/清除(L)/检查(C)/放弃(U)/退出(X)]〈退出〉:_shell

选择三维实体:(用鼠标选取实体)

删除面或[放弃(U)/添加(A)/全部(ALL)]:找到 2 个面,已删除 2 个。(选取面或边)

删除面或[放弃(U)/添加(A)/全部(ALL)]:↵

输入外偏移距离:6↵

输入体编辑选项[压印(I)/分割实体(P)/抽壳(S)/清除(L)/检查(C)/放弃(U)/退出(X)]〈退出〉:↵

输入实体编辑选项[面(F)/边(E)/体(B)/放弃(U)/退出(X)]〈退出〉:↵

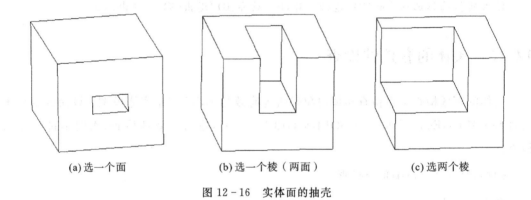

(a)选一个面   (b)选一个棱(两面)   (c)选两个棱

图 12 - 16   实体面的抽壳

12.18   实体的分割

实体的分割是将两相加但不相交的实体分开。相交的实体相加后不能分开。

命令:_solidedit

实体编辑自动检查:SOLIDCHECK=1

输入实体编辑选项[面(F)/边(E)/体(B)/放弃(U)/退出(X)]〈退出〉:_body

输入实体编辑选项[压印(I)/分割实体(P)/抽壳(S)/清除(L)/检查(C)/退出(X)]:_separate

选择三维实体:(选择要分割的实体)

输入体编辑选项[压印(I)/分割实体(P)/抽壳(S)/清除(L)/检查(C)/放弃(U)/退出(X)]〈退出〉:↵

输入实体编辑选项[面(F)/边(E)/体(B)/放弃(U)/退出(X)]〈退出〉:↵

12.19　圆角

该命令与二维圆角命令是同一命令,当选取 3D 实体时,其用法不同:不是选两边,而是选要圆角的棱边。圆角效果如图 12-17 所示。

操作:修改→圆角 ◻ 。

命令:_fillet
当前设置:模式 = TRIM,半径 = 0.0000
选取第一个对象或 [多段线(P)/半径(R)/修剪(T)/多个(M)/放弃(U)]:(选择物体要圆角的边)
圆角半径⟨0.0000⟩:5↲
选择边或 [链(C)/半径(R)]:(选要圆角的边)
选择边或 [链(C)/半径(R)]:(选另一边)
选择边或 [链(C)/半径(R)]:(选另一边)
选择边或 [链(C)/半径(R)]:↲

命令:_fillet
当前设置:模式 = TRIM,半径 = 5.0000
选取第一个对象或 [多段线(P)/半径(R)/修剪(T)/多个(M)/放弃(U)]:(选图形)
圆角半径⟨5.0000⟩:↲
选择边或 [链(C)/半径(R)]:(选图形的边)
选择边或 [链(C)/半径(R)]:↲

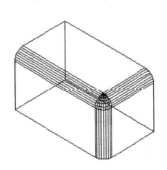

图 12-17　圆角

12.20　倒角

该命令与二维倒角命令是同一命令,当选取 3D 实体时,其用法不同,选取的是要倒角的棱边。倒角效果如图 12-18 所示。

操作：修改→倒角 △ 。

命令：_chamfer

当前设置：模式 = TRIM，距离 1 = 0.0000，距离 2 = 0.0000

选择第一条直线或［多段线(P)/距离(D)/角度(A)/方式(E)/修剪(T)/多个(M)/放弃(U)］：（选取四棱台）

输入曲面选择选项［下一个(N)/当前(OK)］〈当前(OK)〉：↵

指定基准对象的倒角距离〈0.0000〉：4 ↵

指定另一个对象的倒角距离〈4.0000〉：↵

选择边或［环(L)］：（选一条边）

选择边或［环(L)］：↵

命令：_chamfer

当前设置：模式 = TRIM，距离 1 = 4.0000，距离 2 = 4.0000

选择第一条直线或［多段线(P)/距离(D)/角度(A)/方式(E)/修剪(T)/多个(M)/放弃(U)］：（选圆柱体）

输入曲面选择选项［下一个(N)/当前(OK)］〈当前(OK)〉：↵

指定基准对象的倒角距离〈4.0000〉：↵

指定另一个对象的倒角距离〈4.0000〉：↵

选择边或［环(L)］：（选上边）

选择边或［环(L)］：↵

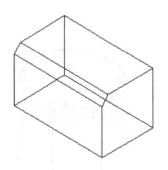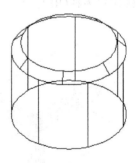

图 12-18　倒角

12.21　三维操作

在修改主菜单项的下拉菜单中，点击三维操作菜单项，即打开下一级菜单，包括三维阵列、三维旋转、三维镜像和对齐命令，如图 12-19 所示。三维阵列与二维阵列不同的是增加了层阵列，可以很方便地绘制高层建筑；三维镜像以面为对称面；三维旋转以两点为旋转轴。

图 12-19 三维操作菜单

1. 三维阵列

将所选实体按设定的数目和距离一次性在空间复制多个。按矩形阵列复制的图形与原图形一样,按行列排列整齐,如图 12-20 所示;按环形阵列复制的图形可能和原图形一样,也可能改变方向,如图 12-21 所示。

操作:修改→三维操作→三维阵列 。

命令:_3darray

选择对象:

找到 1 个(选取图形)

选择对象:↵

输入阵列类型 [矩形(R)/环形(P)]〈矩形(R)〉:p↵

输入阵列中的项目数目:5↵

指定要填充的角度(+=逆时针,-=顺时针)〈360〉:↵

是否旋转阵列中的对象?[是(Y)/否(N)]〈是〉:↵

指定阵列的圆心:

指定旋转轴上的第二点:

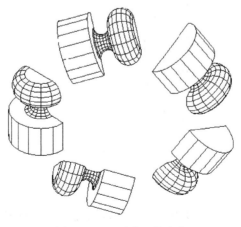

图 12-20 环形三维阵列

```
命令：_3darray
选择对象：
找到 1 个(选取原图形)
选择对象：↵
输入阵列类型 [矩形(R)/环形(P)]〈矩形(R)〉：↵
输入行数 (———)〈1〉:2 ↵
输入列数 (|||)〈1〉:1 ↵
输入层数 (...)〈1〉:5 ↵
指定行间距 (———):—50 ↵
指定层间距 (...):30 ↵
```

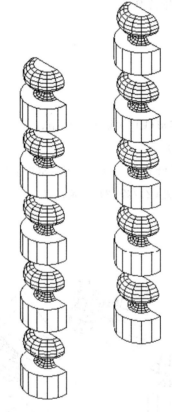

图 12-21　矩形三维阵列

2.三维旋转

三维旋转将所选实体以两点或坐标轴为旋转轴旋转一个角度。可绕 X 轴旋转,通过的点取决于 Y、Z 坐标;可绕 Y 轴旋转,通过的点取决于 X、Z 坐标;可绕 Z 轴旋转,通过的点取决于 X、Y 坐标。三维旋转效果如图 12-22 所示。

操作：修改→三维操作→三维旋转 。

命令：_rotate3d

当前正向角度： ANGDIR＝逆时针　ANGBASE＝0

选择对象：

找到 1 个(选原图形)

选择对象：↵

指定旋转轴的起始点或通过选项定义轴［对象(O)/上一次(L)/视图(V)/X 轴(X)/Y 轴(Y)/Z 轴(Z)/两点(2)］：y↵

指定 Y 轴上一点〈0,0,0〉：30,20,40↵

指定旋转角度或参考角度(R)：90↵

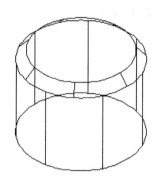
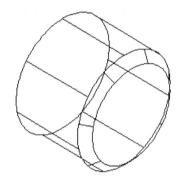

图 12-22　三维旋转

3.三维镜像

三维镜像以面为对称面,将所选实体镜像。上下镜像以 XY 面为对称面,通过的点取决于 Z 坐标;前后镜像以 ZX 面为对称面,通过的点取决于 Y 坐标;左右镜像以 YZ 面为对称面,通过的点取决于 X 坐标。三维镜像效果图如图 12-23 所示。

操作：修改→三维操作→三维镜像 。

命令：_mirror3d

选择对象：

找到 1 个(选图形)

选择对象：↵

指定镜像平面上的第一个点(三点)或［对象(O)/上一次(L)/Z 轴(Z)/视图(V)/XY 平面(XY)/YZ 平面(YZ)/ZX 平面(ZX)/三点(3)］〈三点〉：yz↵

指定 YZ 平面上的点〈0,0,0〉：(对称面)

删除源实体［是(Y)/否(N)］〈否〉：↵

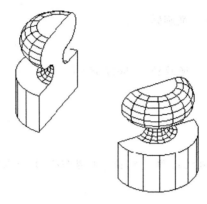

图 12-23 三维镜像

4. 对齐

将两个物体上的三点分别对齐,从而移动一个物体,使两个物体的方位对齐。如图 12-24 所示。

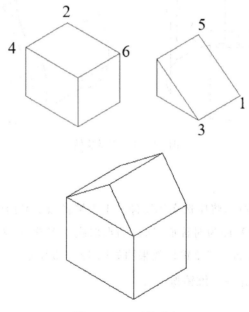

图 12-24 三维对齐

(1)长方体。

绘制长方体。

操作:绘图→实体→长方体 ▣ 。

```
命令:_box
指定长方体的第一个角点或 [中心(C)]:20,20 ↵
指定另一个角点或 [立方体(C)/长度(L)]:@25,20 ↵
指定高度或 [两点(2P)]〈29.9726〉:20 ↵
```

(2)楔体。

绘制楔体。

操作:绘图→实体→楔体 ◣ 。

命令: _wedge

指定楔体的第一个角点或［中心(C)］: 50,40 ↵

指定另一个角点或［立方体(C)/长度(L)］: @20,20 ↵

指定高度或［两点(2P)］⟨20.0000⟩: 15 ↵

(3)对齐。

将立方体和楔体对齐。

操作:修改→三维操作→对齐 吕 。

命令: _align

选择对象:

找到 1 个(选楔体)

选择对象: ↵

指定第一个源点:(选点 1)

指定第一个目标点:(选点 2)

指定第二个源点:(选点 3)

指定第二个目标点:(选点 4)

指定第三个源点或⟨继续⟩:(选点 5)

指定第三个目标点:(选点 6)

第 13 章

网格曲面

本章主要介绍中望 CAD 中的网格曲面命令及其形成方式。

在中望 CAD 的主菜单中,点击绘图的下拉菜单曲面选项,即显示下一级菜单,如图 13 - 1 所示。可看到有二维填充、三维面、三维曲面、旋转曲面、平移曲面、直纹曲面、边界曲面等命令。网格曲面工具条如图 13 - 2 所示。

图 13 - 1　曲面下拉菜单

图 13 - 2　网格曲面工具条

由本章的 3D 网格命令所绘制的 3D 图形均是空壳表面,不是实体,不能进行布尔运算。3D 网格曲面是由一些线通过各种方式组合而成的,所以又称为 3D 组合面。

1. 3D 视点

设置西南视点,观看三维效果。

操作:视图→三维视图→西南等轴测 ⬦ 。

```
命令:_-view
输入选项 [? /图层状态(LA)/正交图形(O)/删除(D)/还原(R)/保存(S)/用户坐标系
(U)/窗口(W)]:_swiso
```

2. 缩放

三维作图时,选用中心点缩放,便于确定屏幕的中心。

操作:视图→缩放→中心点 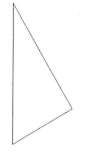。

```
命令: '_zoom
指定窗口的角点,输入比例因子 (nX 或 nXP),或者
[全部(A)/中心(C)/动态(D)/范围(E)/上一个(P)/比例(S)/窗口(W)/对象(O)]〈实时〉:
_c
指定中心点:30,70 ↵
输入比例或高度〈988.4391〉:95 ↵
```

13.1　二维实体

用二维实体命令绘制的图形为填充图形,第三点需交叉给出,如图 13-3 所示。若顺序给出,则如图 13-4 所示。

```
命令:_SOLID
指定平面第一点或 [矩形(R)/正方形(S)/三角形(T)]:0,0 ↵
指定第二点:@20,0 ↵
指定第三点:@0,20 ↵
指定第四点或〈退出〉:@20,20 ↵
指定第三点: ↵
```

```
命令:_SOLID
指定平面第一点或 [矩形(R)/正方形(S)/三角形(T)]:0,0
指定第二点:@20,0 ↵
指定第三点:@20,20 ↵
指定第四点或〈退出〉:@0,20 ↵
指定第三点: ↵
```

图 13-3　二维实体 1　　　　图 13-4　二维实体 2

13.2 三维面

在三维空间中创建三侧面或四侧面的曲面。

定义三维面的起点。在输入第一点后,可按顺时针或逆时针顺序输入其余的点,以创建普通三维面,如图 13-5 所示。如果将四个顶点定位在同一平面上,那么将创建一个类似于面域对象的平整面。当着色或渲染对象时,平整面将被填充。

操作:绘图→曲面→三维面 △。

```
命令:_3dface
指定第一点 或 [隐藏(I)]:60,0↵
指定第二点 或 [隐藏(I)]:@20,0↵
指定第三点 或 [隐藏(I)]〈退出〉:@0,20↵
指定第四点 或 [隐藏(I)]〈创建三角面〉:@-20,0↵
指定第三点 或 [隐藏(I)]〈退出〉:0,0,5↵
指定第四点 或 [隐藏(I)]〈创建三角面〉:@20,0↵
指定第三点 或 [隐藏(I)]〈退出〉:↵
```

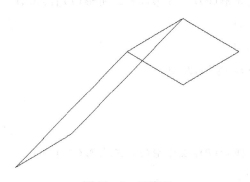

图 13-5　三维面

13.3 网格曲面长方体

给定长、宽、高,创建一个三维网格曲面长方体,如图 13-6 所示。

```
命令:_ai_box
长方体的角〈24.3268,35.0802,0〉:20,20↵
长方体长度:20↵
指定方体宽度或 [立方体(C)]:10↵
长方体高度:15↵
长方体旋转角度:0↵
```

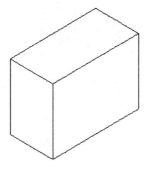

图 13 - 6　长方体

13.4　网格曲面楔体

给定长、宽、高,创建一个网格曲面楔体,如图 13 - 7 所示。

命令:_ai_wedge

楔体的边〈80.7979,-21.0921,0〉:100,100 ↵

侧面长度:20 ↵

楔宽:10 ↵

楔高:15 ↵

长方体旋转角度:0 ↵

图 13 - 7　楔体

13.5　网格曲面圆锥体

给定圆心、底圆半径和顶圆半径,创建一个圆锥台,如图 13 - 8 所示。

命令:_ai_cone

圆锥体底面中心:

指定圆锥体底面半径或［直径(D)］:10 ↵

指定圆锥体顶面半径或［直径(D)］〈0〉:5 ↵

圆锥体高度:10 ↵

圆锥体分割数〈16〉:↵

图 13-8　圆锥台

13.6　网格曲面棱锥体

给定棱锥各顶点，创建一个网格棱锥体，如图 13-9 所示。

命令：_ai_pyramid

方锥体底面第一点：

第二点：

第三点：

指定底面最后点或 ［四面体(T)］：

指定方锥体顶点(A) 或 ［脊(R)／顶面(T)］：

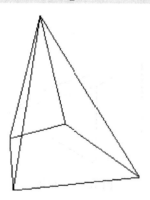

图 13-9　棱锥体

13.7　网格曲面球体

给定圆心和半径，创建一个网格球体，如图 13-10 所示。

命令：_ai_sphere

球体中心：60,60 ↵

指定球体半径或 ［直径(D)］：20 ↵

经度向截面数〈16〉：↵

纬度向截面数〈16〉：↵

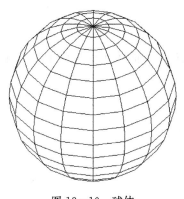

图 13 - 10 球体

13.8 圆环体

给定圆心、环的半径和管的半径,绘制一个圆环体,如图 13 - 11 所示。

命令:_ai_torus
圆环体中心:30,30↵
指定圆环体的半径或 [直径(D)]:20↵
指定圆管的半径或 [直径(D)]:4↵
圆管分割数〈16〉:↵
圆环面分割数〈16〉:↵

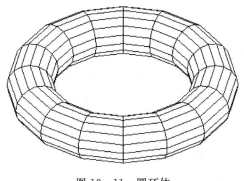

图 13 - 11 圆环体

13.9 网格密度一

要改善曲面的效果,用户可通过更改 M 向的线数来实现。线的密度越大,曲面越光滑。网格密度是系统变量,只能键入。

命令:SURFTAB1
输入 SURFTAB1 的新值〈6〉:15↵

13.10　网格密度二

要改善曲面的效果,用户还可以通过更改 N 向的线数来实现。线的密度越大,曲面越光滑。

```
命令：SURFTAB2
输入 SURFTAB2 的新值〈6〉：25 ↵
```

13.11　旋转网格曲面

旋转网格曲面是由一条轮廓线绕一条轴线旋转而形成的。因此,在使用旋转网格曲面命令之前,必须准备一个旋转网格曲面的轴和创建旋转网格曲面的轮廓线。轮廓线可以是闭合的,也可以是不闭合的。

1. 直线

绘制旋转曲面的轴。

操作:绘图→直线 ╲ 。

```
命令：_line
指定第一个点：10,0 ↵
指定下一点或［角度(A)/长度(L)/放弃(U)］：@0,0,20 ↵
指定下一点或［角度(A)/长度(L)/放弃(U)］：↵
```

```
命令：_line
指定第一个点：70,0 ↵
指定下一点或［角度(A)/长度(L)/放弃(U)］：@0,0,20 ↵
指定下一点或［角度(A)/长度(L)/放弃(U)］：↵
```

2. 坐标变换

将坐标系绕 X 轴转 90°,以便绘制旋转曲面的轮廓线。

操作:工具→新建 UCS→X 🔯 。

```
命令：_ucs
当前在世界 UCS.
指定 UCS 的原点或［? /面(F)/3 点(3)/删除(D)/对象(OB)/原点(O)/上一个(P)/还原
(R)/保存(S)/视图(V)/X/Y/Z/Z 轴(ZA)/世界(W)]〈世界〉：_x
输入绕 X 轴的旋转角度〈90〉：↵
```

3. 捕捉端点

在捕捉对话框中勾选端点,以便在构成曲面时捕捉线的端点。

操作:工具→草图设置。

命令:'_dsettings

4. 三维多段线

绘制旋转曲面的轮廓。也可以用多义线绘制轮廓线。

操作:绘图→三维多段线 💤 。

命令:_3dpoly

指定多段线的起点:10,0 ↵

指定直线的端点或 [放弃(U)]:@5,0 ↵

指定直线的端点或 [放弃(U)]:@6,0,5 ↵

指定直线的端点或 [闭合(C)/撤销(U)]:@5.5,0,7 ↵

指定直线的端点或 [闭合(C)/撤销(U)]:@−4,0,3 ↵

指定直线的端点或 [闭合(C)/撤销(U)]: ↵

命令:_3dpoly

指定多段线的起点:85,0,0 ↵

指定直线的端点或 [放弃(U)]:@20,0,0 ↵

指定直线的端点或 [放弃(U)]:@0,0,20 ↵

指定直线的端点或 [闭合(C)/撤销(U)]:@−4,0,0 ↵

指定直线的端点或 [闭合(C)/撤销(U)]:@0,0,−3 ↵

指定直线的端点或 [闭合(C)/撤销(U)]:@−4,0,0 ↵

指定直线的端点或 [闭合(C)/撤销(U)]:@0,0,−3 ↵

指定直线的端点或 [闭合(C)/撤销(U)]:@−4,0,0 ↵

指定直线的端点或 [闭合(C)/撤销(U)]:@0,0,−3 ↵

指定直线的端点或 [闭合(C)/撤销(U)]:@−4,0,0 ↵

指定直线的端点或 [闭合(C)/撤销(U)]:@0,0,−3 ↵

指定直线的端点或 [闭合(C)/撤销(U)]:c ↵

5. 坐标变换

回到世界坐标系。

操作:工具→新建 UCS→世界坐标系 🏠 。

命令:_ucs

当前 UCS 未命名.

指定 UCS 的原点或 [? /面(F)/3 点(3)/删除(D)/对象(OB)/原点(O)/上一个(P)/还原(R)/保存(S)/视图(V)/X/Y/Z/Z 轴(ZA)/世界(W)]〈世界〉:_w

6. 旋转曲面

用复合线绕轴线构成旋转曲面,如图 13 - 12 所示。

操作:绘图→曲面→旋转曲面⊕。

命令:_revsurf

选择要旋转的对象:(选一条轮廓线)

选择旋转的轴线:(选旋转轴线)

起始旋转面的角度〈0.0000〉:↵

旋转对象角度(十 表逆时针,一 表顺时针)〈360〉:↵

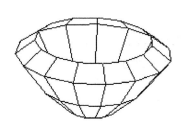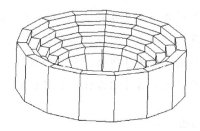

图 13 - 12　旋转曲面

13.12　平移网格曲面

平移网格曲面是由一条轮廓线和一条平移方向线构成的。因此在使用平移网格曲面命令之前,必须准备一个平移网格曲面的平移方向线和创建平移网格曲面的轮廓线。轮廓线可以是闭合的,也可以是不闭合的。

1. 直线

绘制平移曲面的平移方向线。

操作:绘图→直线＼。

命令:_line

指定第一个点:0,0↵

指定下一点或 [角度(A)/长度(L)/放弃(U)]:@－5,0,20 ↵

指定下一点或 [角度(A)/长度(L)/放弃(U)]:↵

2. 轮廓线

用鼠标随意绘制一些直线、圆、弧、多边形等平面图形,作为平移网格曲面的轮廓线。

操作:绘图→直线＼或绘图→圆→圆心、半径⊙等。

命令：_line

指定第一个点：(点选)

指定下一点或 [角度(A)/长度(L)/放弃(U)]：(点选)

指定下一点或 [角度(A)/长度(L)/放弃(U)]：(点选)

指定下一点或 [角度(A)/长度(L)/闭合(C)/放弃(U)]：c↙

命令：_circle

指定圆的圆心或 [三点(3P)/两点(2P)/切点、切点、半径(T)]：(点选)

指定圆的半径或 [直径(D)]：(点选)

3. 平移网格曲面

重复平移曲面命令,分别选取直线、圆、弧、多边形等与方向线构成平移曲面,如图 13-13 所示。

操作：绘图→曲面→平移曲面。

命令：_tabsurf

选择要拉伸的对象：(选平面图形)

选择直线或切断的多段线作为拉伸路径：(选方向线)

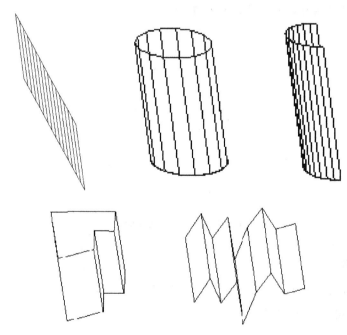

图 13-13 平移曲面

注意：如要绘制其他方向的平移网格,只要改变 UCS,再绘制不同方向的平移方向线和轮廓线即可。

13.13　直纹网格曲面

直纹网格曲面是由两条边构成的,在使用直纹网格曲面命令之前,必须准备两条边。两条边可以是闭合的,也可以是不闭合的;两条边可以在一个平面内,也可以不在一个平面内。点取的两条边的端点不同,得到的直纹网格曲面也不相同。

1. 直线

重复该命令,绘制直纹网格曲面的边,如图 13-14 所示。

操作:绘图→直线 ╲ 。

```
命令: _line
指定第一个点:70,20 ↵
指定下一点或 [角度(A)/长度(L)/放弃(U)]:@0,-20,20 ↵
指定下一点或 [角度(A)/长度(L)/放弃(U)]:↵
```

```
命令: _line
指定第一个点:90,0 ↵
指定下一点或 [角度(A)/长度(L)/放弃(U)]:@0,20,20 ↵
指定下一点或 [角度(A)/长度(L)/放弃(U)]:↵
```

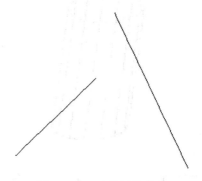

图 13-14　直纹网格的边

2. 直纹曲面

选取各边,构成直纹曲面。如图 13-15、图 13-16 所示。

操作:绘图→曲面→直纹曲面 ◿ 。

```
命令: _rulesurf
选择定义直纹面第一端点的对象:(选左侧直线上端)
选择定义另一端点的对象:(选右侧直线上端)
```

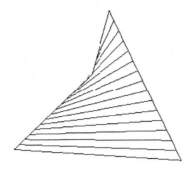

图 13 - 15　直纹曲面 1

命令：_rulesurf

选择定义直纹面第一端点的对象：(选左侧直线上端)

选择定义另一端点的对象：(选右侧直线下端)

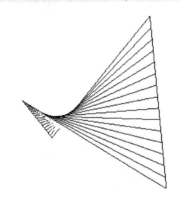

图 13 - 16　直纹曲面 2(三维动态观察)

3. 样条曲线

用样条曲线命令绘制任意平面图形作为外轮廓,再在轮廓内绘制一个点,选取两者构成三维面,着色后可观看其效果,如图 13 - 17 所示。

操作：绘图→样条曲线 ～ 。

命令：_spline

指定第一个点或 [对象(O)]：

指定下一点：

指定下一点或 [闭合(C)/拟合公差(F)/放弃(U)]〈起点切向〉：

指定下一点或 [闭合(C)/拟合公差(F)/放弃(U)]〈起点切向〉：

指定下一点或 [闭合(C)/拟合公差(F)/放弃(U)]〈起点切向〉：

指定下一点或 [闭合(C)/拟合公差(F)/放弃(U)]〈起点切向〉：

指定下一点或 [闭合(C)/拟合公差(F)/放弃(U)]〈起点切向〉：

指定下一点或 [闭合(C)/拟合公差(F)/放弃(U)]〈起点切向〉：

指定下一点或 [闭合(C)/拟合公差(F)/放弃(U)]〈起点切向〉：

指定下一点或 [闭合(C)/拟合公差(F)/放弃(U)]〈起点切向〉：

指定下一点或 [闭合(C)/拟合公差(F)/放弃(U)]〈起点切向〉：c↵

指定切向：↵

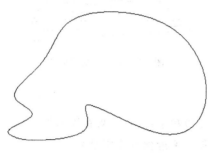

图 13-17　多义线外轮廓

4. 圆

绘制直纹曲面的内圆。

操作：绘图→圆→圆心、半径 ⊙。

命令：_circle

指定圆的圆心或 [三点(3P)/两点(2P)/切点、切点、半径(T)]：

指定圆的半径或 [直径(D)]〈1.4931〉：

5. 直纹曲面

选取轮廓线和内圆，构成三维面。如图 13-18 所示。

操作：绘图→曲面→直纹曲面 ◢。

命令：_rulesurf

选择定义直纹面第一端点的对象：(选轮廓多义线)

选择定义另一端点的对象：(选内圆)

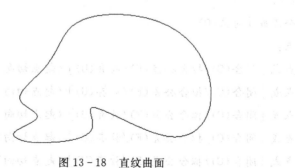

图 13-18　直纹曲面

6. 正多边形

用正多边形命令绘制任意平面图形作为外轮廓,再复制两个同样的图形。将一个图形沿 Z 向复制,两者用直纹曲面构成三维柱面。将另一个图形作为轮廓,与一个点构成三维面,然后移至三维柱面上,着色后可观看立体效果。

操作:绘图→正多边形 ⬡ 。

命令：_polygon
输入边的数目〈4〉或 [多个(M)/线宽(W)]: 10 ↵
指定正多边形的中心点或 [边(E)]: -20,100 ↵
输入选项 [内接于圆(I)/外切于圆(C)]〈C〉: ↵
指定圆的半径: 10 ↵

7. 复制多边形

复制两个多边形,作为直纹曲面的边,如图 13-19 所示。

操作:修改→复制 ⬚。

命令：_copy
选择对象:
找到 1 个(选第一个多边形)
选择对象: ↵
指定基点或 [位移(D)/模式(O)]〈位移〉: 0,0,20 ↵
指定第二点的位移或者 [阵列(A)]〈使用第一点当作位移〉: ↵

命令：_copy
选择对象:
找到 1 个(选第一个多边形)
选择对象: ↵
指定基点或 [位移(D)/模式(O)]〈位移〉: 30,30 ↵
指定第二点的位移或者 [阵列(A)]〈使用第一点当作位移〉: ↵

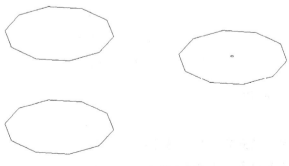

图 13-19　复制多边形

8. 旋转曲面

将上面的多边形旋转 90°，旋转后为扭曲柱面，不旋转为直柱面。

操作：修改→旋转 ↺ 。

```
命令：_rotate
选择对象：
找到 1 个
选择对象：↵
指定基点：-20,100 ↵
指定旋转角度或 [复制(C)/参照(R)]〈0〉：90↵
```

9. 圆

绘制直纹曲面的内圆。

操作：绘图→圆→圆心、半径 ⊕ 。

```
命令：_circle
指定圆的圆心或 [三点(3P)/两点(2P)/切点、切点、半径(T)]：
指定圆的半径或 [直径(D)]〈1.4931〉：
```

10. 直纹曲面

重复直纹曲面命令，绘制直纹曲面。绘制的柱曲面如图 13-20 所示。

操作：绘图→曲面→直纹曲面 ⟋ 。

```
命令：_rulesurf
选择定义直纹面第一端点的对象：(选上面的多边形)
选择定义另一端点的对象：(选下面的多边形)
```

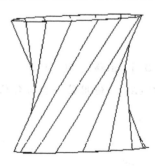

图 13-20　直纹柱曲面

绘制一个多边形曲面，如图 13-21 所示。

```
命令：_rulesurf
选择定义直纹面第一端点的对象：(选轮廓多边形)
选择定义另一端点的对象：(选内圆)
```

图 13-21 多边形曲面

11. 复制

复制一个多边形曲面作为柱曲面的盖,如图 13-22 所示。

操作:修改→复制 ⬚。

命令:_copy
选择对象:
找到 1 个
选择对象:↵
指定基点或 [位移(D)/模式(O)] 〈位移〉:10,130 ↵
指定第二点的位移或者 [阵列(A)] 〈使用第一点当作位移〉:—20,100,20 ↵
指定第二个点或 [阵列(A)/退出(E)/放弃(U)] 〈退出〉:↵

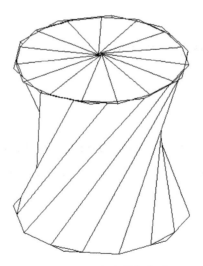

图 13-22 多边形柱曲面

13.14 边界网格曲面

边界网格曲面是由四条头尾相接的边构成的。因此,在使用边界网格曲面命令之前必须准备四条边,四条边一定是封闭的。这四条边可在一个平面内,也可不在一个平面内。

1. 缩放

选用中心缩放,便于确定屏幕的中心。

操作:视图→缩放→中心点 。

命令:'_zoom

指定窗口的角点,输入比例因子 (nX 或 nXP),或者

[全部(A)/中心(C)/动态(D)/范围(E)/上一个(P)/比例(S)/窗口(W)/对象(O)]〈实时〉:

_c

指定中心点:30,30↵

输入比例或高度〈231.1638〉:50↵

2. 直线

绘制边界曲面的第一条边。

操作:绘图→直线 。

命令:_line

指定第一个点:0,0↵

指定下一点或 [角度(A)/长度(L)/放弃(U)]:0,20↵

指定下一点或 [角度(A)/长度(L)/放弃(U)]:↵

3. 坐标变换

将坐标系统 X 轴转 90°,以便绘制圆弧。

操作:工具→新建 UCS→X 。

命令:_ucs

当前在世界 UCS.

指定 UCS 的原点或 [? /面(F)/3 点(3)/删除(D)/对象(OB)/原点(O)/上一个(P)/还原(R)/保存(S)/视图(V)/X/Y/Z/Z 轴(ZA)/世界(W)]〈世界〉:_x

输入绕 X 轴的旋转角度〈90〉:↵

4. 画弧

绘制边界曲面的第二条边。

操作:绘图→圆弧→三点 。

命令:_arc

指定圆弧的起点或 [圆心(C)]:0,0↵

指定圆弧的第二个点或 [圆心(C)/端点(E)]:c↵

指定圆弧的圆心:10,0↵

指定圆弧的端点或 [角度(A)/弦长(L)]:20,0↵

5. 复制

复制边界曲面的第三、四条边,如图 13-23 所示。

操作:修改→复制 🏛。

命令:_copy
找到 1 个(选线)
指定基点或 [位移(D)/模式(O)]〈位移〉:
指定第二点的位移或者 [阵列(A)]〈使用第一点当作位移〉:
指定第二个点或 [阵列(A)/退出(E)/放弃(U)]〈退出〉: * 取消 *

命令:_copy
找到 1 个(选弧)
指定基点或 [位移(D)/模式(O)]〈位移〉:
指定第二点的位移或者 [阵列(A)]〈使用第一点当作位移〉:
指定第二个点或 [阵列(A)/退出(E)/放弃(U)]〈退出〉: * 取消 *

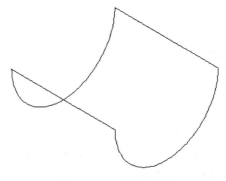

图 13-23 曲面轮廓 1

6. 改变曲面网格密度一

命令:SURFTAB1
输入 SURFTAB1 的新值〈6〉:8↵

7. 改变曲面网格密度二

命令:SURFTAB2
输入 SURFTAB2 的新值〈6〉:12↵

8. 边界曲面

按顺序选取四条边,构成边界曲面,如图 13-24 所示。

操作:绘图→曲面→边界曲面 ⌀。

命令：_edgesurf

选择第一个四边相连的线性对象的边面：（选第一条边）

选择第二边：（选第二条边）

选择第三边：（选第三条边）

选择最后边：（选第四条边）

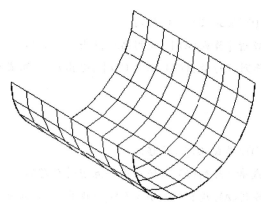

图 13-24　边界曲面 1

9. 画弧

绘制边界曲面的第一条边。

操作：绘图→圆弧→三点 ⌒ 。

命令：_arc

指定圆弧的起点或 [圆心(C)]：30,0,0 ↵

指定圆弧的第二个点或 [圆心(C)/端点(E)]：@30,15 ↵

指定圆弧的端点或 [角度(A)/弦长(L)]：90,0 ↵

10. 坐标变换

将坐标系统绕 Y 轴转 90°，以便绘制侧面圆弧。

操作：工具→新建 UCS→Y ⑫ 。

命令：_ucs

当前 UCS 未命名.

指定 UCS 的原点或 [? /面(F)/3 点(3)/删除(D)/对象(OB)/原点(O)/上一个(P)/还原(R)/保存(S)/视图(V)/X/Y/Z/Z 轴(ZA)/世界(W)] 〈世界〉：_y

输入绕 Y 轴的旋转角度〈90〉：↵

11. 画弧

绘制边界曲面的第二条边。

操作：绘图→圆弧→三点 ⌒ 。

命令：_arc

指定圆弧的起点或 [圆心(C)]：0,0,30 ↵

指定圆弧的第二个点或 [圆心(C)/端点(E)]：@5,5 ↵

指定圆弧的端点或 [角度(A)/弦长(L)]：@5,-5 ↵

12. 坐标变换

回到世界坐标系。

操作：工具→新建 UCS→世界坐标系 ⌷ 。

命令：_ucs

当前 UCS 未命名.

指定 UCS 的原点或 [? /面(F)/3 点(3)/删除(D)/对象(OB)/原点(O)/上一个(P)/还原

(R)/保存(S)/视图(V)/X/Y/Z/Z 轴(ZA)/世界(W)]〈世界〉：_w

13. 复制

复制边界曲面的第三、四条边，如图 13-25 所示。

操作：修改→复制 ⌷ 。

命令：_copy

找到 1 个（选小弧）

指定基点或 [位移(D)/模式(O)]〈位移〉：

指定第二点的位移或者 [阵列(A)]〈使用第一点当作位移〉：

指定第二个点或 [阵列(A)/退出(E)/放弃(U)]〈退出〉：＊取消＊

命令：_copy

找到 1 个（选大弧）

指定基点或 [位移(D)/模式(O)]〈位移〉：

指定第二点的位移或者 [阵列(A)]〈使用第一点当作位移〉：

指定第二个点或 [阵列(A)/退出(E)/放弃(U)]〈退出〉：＊取消＊

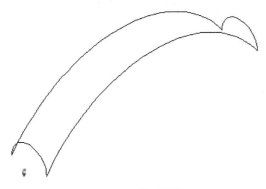

图 13-25　曲面轮廓 2

14. 改变网格密度

命令：SURFTAB1

输入 SURFTAB1 的新值〈8〉：12 ↵

15. 边界曲面

顺序选取四条边,构成边界曲面,如图 13 - 26 所示。

操作:绘图→曲面→边界曲面 ⟨⟩。

命令：_edgesurf

选择第一个四边相连的线性对象的边面：(选第一条边)

选择第二边：(选第二条边)

选择第三边：(选第三条边)

选择最后边：(选第四条边)

16. 消隐效果

操作:视图→消隐 ⬡。

命令：_hide

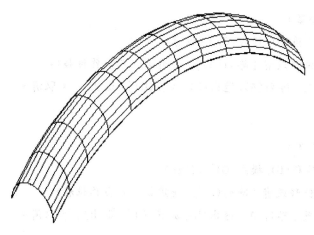

图 13 - 26 边界曲面 2

17. 保存

操作:文件→保存 💾。

命令：_qsave

第 14 章

机械零件造型

本章应用三维实体命令,通过绘制几个机械零件的模型来学习造型的方法和技巧。

14.1 阀杆

通过本例,主要学习用旋转体构成实体、实体切割、布尔运算等命令,并掌握锥体的造型方法。

1. 绘制轮廓

绘制中心线之后,在中心线的上方绘制轮廓线,如图 14-1 所示。

操作:绘图→多段线 〇。

命令:_pline

指定多段线的起点或〈最后点〉:110,0↵

当前线宽是 0.0000

指定下一点或［圆弧(A)/半宽(H)/长度(L)/撤消(U)/宽度(W)］:110,2↵

指定下一点或［圆弧(A)/闭合(C)/半宽(H)/长度(L)/撤消(U)/宽度(W)］:120,5↵

指定下一点或［圆弧(A)/闭合(C)/半宽(H)/长度(L)/撤消(U)/宽度(W)］:120,1.5↵

指定下一点或［圆弧(A)/闭合(C)/半宽(H)/长度(L)/撤消(U)/宽度(W)］:140,1.5↵

指定下一点或［圆弧(A)/闭合(C)/半宽(H)/长度(L)/撤消(U)/宽度(W)］:140,0↵

指定下一点或［圆弧(A)/闭合(C)/半宽(H)/长度(L)/撤消(U)/宽度(W)］:↵

图 14-1　阀杆部分图形

2. 边界

用鼠标点击封闭区域,将其周围的边构成为一条边界,便于制作面域。

操作:绘图→边界 ▢。

命令：_boundary

选择对象：

找到 1 个

选择对象：

找到 1 个,总计 2 个

选择对象：↵

选择一个点以定义边界或剖面线区域：

正在选择所有可见对象...

正在分析所选数据...

选择一个点以定义边界或剖面线区域：

已创建 1 个多段线

3. 面域

用鼠标选取刚作好的边界来构成面域,以便用面域构成回转实体。

操作：绘图→面域 ◙ 。

命令：_region

选择对象：

找到 1 个

选择对象：

找到 1 个,总计 2 个

选择对象：↵

提取了 1 个环

创建了 1 个面域

4. 旋转体

用回转体构成一个阀杆主体,如图 14-2 所示。

操作：绘图→实体→旋转 ↘ 。

命令：_revolve

当前线框密度： ISOLINES＝4,闭合轮廓创建模式＝实体

选择对象或［模式(MO)］：

找到 1 个

选择对象或［模式(MO)］：↵

指定旋转轴的起始点或通过选项定义轴［对象(O)/X 轴(X)/Y 轴(Y)/Z 轴(Z)］〈对象〉：

指定轴的端点：

指定旋转角度或［起始角度(ST)］〈360.0000〉：↵

图14-2　阀杆主体

5. 3D视点

设置西南视点,观看三维效果。

操作:视图→三维视图→西南等轴测⟨⟩。

命令:_-view

输入选项[?/图层状态(LA)/正交图形(O)/删除(D)/还原(R)/保存(S)/用户坐标系(U)/窗口(W)]:_swiso

6. 着色

操作:视图→着色→体着色●。

命令:_shademode

输入选项[二维线框(2D)/三维线框(3D)/消隐(H)/平面着色(F)/体着色(G)/带边框平面着色(L)/带边框体着色(O)]〈体着色〉:_g

7. 圆柱体

绘制小圆柱体,如图14-3所示。

操作:绘图→实体→圆柱体🛢。

命令:_cylinder
指定底面的中心点或[三点(3P)/两点(2P)/切点、切点、半径(T)/椭圆(E)]:115,0↵
指定圆的半径或[直径(D)]:1↵
指定高度或[两点(2P)/中心轴(A)]:20↵

图14-3　阀杆小孔圆柱

8. 移动

将小圆柱向下移动到对称位置,如图14-4所示。

操作:修改→移动 ✛。

命令：_move
选择对象：
找到 1 个
选择对象：↵
指定基点或 [位移(D)]〈位移〉：115,0↵
指定第二点的位移或者〈使用第一点当作位移〉：@0,0,−10↵

图 14 − 4　对称小圆柱

9. 求差

挖去小孔,如图 14 − 5 所示。

操作:修改→实体编辑→差集 ▢。

命令：_subtract
选择要从中减去的实体,曲面和面域：
找到 1 个
选择要从中减去的实体,曲面和面域：↵
选择要减去的实体,曲面和面域：
找到 1 个
选择要减去的实体,曲面和面域：↵

图 14 − 5　阀杆小孔

10. 3D 视点

设置东南视点,可以观看阀杆的另一端。

操作:视图→三维视图→东南等轴测 ◈。

命令：_-view

输入选项 [? /图层状态(LA)/正交图形(O)/删除(D)/还原(R)/保存(S)/用户坐标系(U)/窗口(W)]：_seiso

11. 缩放

显示全图。

操作：视图→缩放→全部  。

命令：'_zoom

指定窗口的角点，输入比例因子 (nX 或 nXP)，或者

[全部(A)/中心(C)/动态(D)/范围(E)/上一个(P)/比例(S)/窗口(W)/对象(O)]〈实时〉：_all

12. 剖切

剖切完成造型，如图 14-6 所示。

操作：绘图→实体→剖切 。

命令：_slice

选择要剖切的对象：

找到 1 个

选择要剖切的对象：↵

指定剖切平面起点或 [平面对象(O)/曲面(S)/Z 轴(Z)/视图(V)/XY(XY)/YZ(YZ)/ZX(ZX)/三点(3)]〈三点〉：zx ↵

指定 ZX 平面上的点 〈0,0,0〉：0,5 ↵

在需求平面的一侧拾取一点或 [保留两侧(B)]〈两侧〉：0,0,0 ↵

命令：_slice

选择要剖切的对象：

找到 1 个

选择要剖切的对象：↵

指定剖切平面起点或 [平面对象(O)/曲面(S)/Z 轴(Z)/视图(V)/XY(XY)/YZ(YZ)/ZX(ZX)/三点(3)]〈三点〉：zx ↵

指定 ZX 平面上的点 〈0,0,0〉：0,-5 ↵

在需求平面的一侧拾取一点或 [保留两侧(B)]〈两侧〉：0,0,0 ↵

图 14-6　阀杆

14.2　压紧螺母

通过本例,学习精确制作平面立体类机械零件的造型方法,同时学习从模型空间到图纸空间出图的过程。要掌握中望 CAD 具备的多窗口、多视点操作以及将三维立体直接投影成二维平面图的功能。学会用旋转体、拉伸体构成实体、布尔运算等命令,并掌握螺纹的造型方法。

1. 3D 视点

设置西南视点,观看三维效果。

操作:视图→三维视图→西南等轴测◇。

```
命令: _-view
输入选项 [?/图层状态(LA)/正交图形(O)/删除(D)/还原(R)/保存(S)/用户坐标系
(U)/窗口(W)]: _swiso
```

2. 多边形

绘制六角螺母。已知内切圆半径绘制六边形,如图 14-7 所示。

操作:绘图→正多边形◯。

```
命令: _polygon
输入边的数目〈6〉或[多个(M)/线宽(W)]: 6↵
指定正多边形的中心点或[边(E)]: 0,0↵
输入选项[内接于圆(I)/外切于圆(C)]〈C〉: c↵
指定圆的半径: 32↵
```

图 14-7　六边形

3. 拉伸体

将平面六边形拉伸成六棱柱立体,如图 14-8 所示。

操作:绘图→实体→拉伸▣。

```
命令: _extrude
当前线框密度: ISOLINES=4,闭合轮廓创建模式=实体
选择对象或[模式(MO)]:
找到 1 个
```

选择对象或［模式(MO)］:↵

指定拉伸高度或［方向(D)/路径(P)/倾斜角(T)］:15↵

图 14 - 8　六棱柱

4. 着色

操作:视图→着色→体着色 ●。

命令:_shademode

输入选项［二维线框(2D)/三维线框(3D)/消隐(H)/平面着色(F)/体着色(G)/带边框平
面着色(L)/带边框体着色(O)］〈体着色〉:_g

5. 圆柱体

绘制大圆柱,如图 14 - 9 所示。

操作:绘图→实体→圆柱体 ●。

命令:_cylinder

指定底面的中心点或［三点(3P)/两点(2P)/切点、切点、半径(T)/椭圆(E)］:0,0,0↵

指定圆的半径或［直径(D)］:19.5↵

指定高度或［两点(2P)/中心轴(A)］:35↵

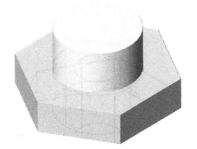

图 14 - 9　大圆柱

绘制小圆柱孔,如图 14 - 10 所示。

操作:绘图→实体→圆柱体 ●。

命令:_cylinder

指定底面的中心点或 [三点(3P)/两点(2P)/切点、切点、半径(T)/椭圆(E)]：0,0,0 ↵

指定圆的半径或 [直径(D)]〈10.0000〉：10 ↵

指定高度或 [两点(2P)/中心轴(A)]〈35.0000〉：36 ↵

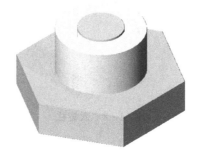

图 14 - 10　小圆柱

6. 求差

叠加六棱柱与大圆柱,并挖去小孔,如图 14 - 11、图 14 - 12 所示。

操作：修改→实体编辑→差集 ▣。

命令：_subtract

选择要从中减去的实体,曲面和面域：

找到 1 个(选六棱柱)

选择要从中减去的实体,曲面和面域：

找到 1 个,总计 2 个(选大圆柱)

选择要从中减去的实体,曲面和面域：↵

选择要减去的实体,曲面和面域：

找到 1 个(选小圆柱)

选择要减去的实体,曲面和面域：↵

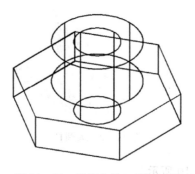

图 14 - 11　螺母主体(三维线框)

图 14 - 12　螺母主体(着色)

7. 倒角

将螺母上端内外倒角,如图 14 - 13 所示。

操作:修改→倒角△。

(1)将螺母上端外圆边倒角。

```
命令：_chamfer
当前设置：模式 = TRIM,距离 1 = 0.0000,距离 2 = 0.0000
选择第一条直线或 [多段线(P)/距离(D)/角度(A)/方式(E)/修剪(T)/多个(M)/放弃
(U)]：
输入曲面选择选项 [下一个(N)/当前(OK)]〈当前(OK)〉：↵
指定基准对象的倒角距离〈0.0000〉：2 ↵
指定另一个对象的倒角距离〈2.0000〉：↵
选择边或 [环(L)]：
选择边或 [环(L)]：↵
```

(2)将螺母上端内孔边倒角。

```
命令：_chamfer
当前设置：模式 = TRIM,距离 1 = 2.0000,距离 2 = 2.0000
选择第一条直线或 [多段线(P)/距离(D)/角度(A)/方式(E)/修剪(T)/多个(M)/放弃
(U)]：
输入曲面选择选项 [下一个(N)/当前(OK)]〈当前(OK)〉：↵
指定基准对象的倒角距离〈2.0000〉：1 ↵
指定另一个对象的倒角距离〈1.0000〉：↵
选择边或 [环(L)]：
选择边或 [环(L)]：↵
```

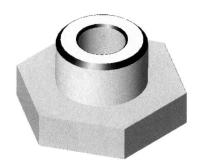

图 14-13 倒角立体

8. 圆柱体

操作:绘图→实体→圆柱体 🛢 。

(1)绘制大圆柱,以便制作退刀槽。

```
命令：_cylinder
指定底面的中心点或 ［三点(3P)/两点(2P)/切点、切点、半径(T)/椭圆(E)］：0,0,15 ↵
指定圆的半径或 ［直径(D)］〈10.0000〉：19.5 ↵
指定高度或 ［两点(2P)/中心轴(A)］〈36.0000〉：3 ↵
```

(2)绘制小圆柱孔,以便制作退刀槽。

```
命令：_cylinder
指定底面的中心点或 ［三点(3P)/两点(2P)/切点、切点、半径(T)/椭圆(E)］：0,0,15 ↵
指定圆的半径或 ［直径(D)］〈19.5000〉：17.5 ↵
指定高度或 ［两点(2P)/中心轴(A)］〈3.0000〉：3 ↵
```

9. 求差

重复命令,从大圆柱中挖去小圆柱孔,制作退刀槽,之后再从主体上减去退刀槽,如图 14-14所示。

操作:修改→实体编辑→差集 🗗 。

```
命令：_subtract
选择要从中减去的实体,曲面和面域：
找到 1 个
选择要从中减去的实体,曲面和面域：↵
选择要减去的实体,曲面和面域：
找到 1 个
选择要减去的实体,曲面和面域：↵
```

图 14-14　退刀槽

10. 3D 视点

将窗口设为前视图。

操作:视图→三维视图→主视 ⬜ 。

```
命令:_-view
输入选项 [? /图层状态(LA)/正交图形(O)/删除(D)/还原(R)/保存(S)/用户坐标系
(U)/窗口(W)]:_front
```

11. 复合线

绘制普通三角螺纹的牙形。

操作:绘图→多段线 ⌒ 。

```
命令:_pline
指定多段线的起点:
当前线宽是 0.0000
指定下一点或 [圆弧(A)/半宽(H)/长度(L)/撤消(U)/宽度(W)]:@2.5<150↵
指定下一点或 [圆弧(A)/闭合(C)/半宽(H)/长度(L)/撤消(U)/宽度(W)]:@2.5<30↵
指定下一点或 [圆弧(A)/闭合(C)/半宽(H)/长度(L)/撤消(U)/宽度(W)]:c↵
```

12. 面域

创建面域,完成螺纹的牙形,如图 14-15 所示。

操作:绘图→面域 ▣ 。

```
命令:_region
选择对象:
找到 1 个
选择对象:
提取了 1 个环。
创建了 1 个面域。
```

图 14－15 螺纹的牙形

13. 移动

将三角螺纹的牙形向外移动一点。

操作:修改→移动 ✛。

```
命令：_move
选择对象：
找到 1 个
选择对象：↵
指定基点或 [位移(D)]〈位移〉：0.2,0 ↵
指定第二点的位移或者〈使用第一点当作位移〉：↵
```

14. 旋转体

用回转体构成一个立体的三角螺纹牙形,如图 14－16 所示。

操作:绘图→实体→旋转 🔄。

```
命令：_revolve
当前线框密度： ISOLINES＝4,闭合轮廓创建模式＝实体
选择对象或 [模式(MO)]：
找到 1 个
选择对象或 [模式(MO)]：↵
指定旋转轴的起始点或通过选项定义轴 [对象(O)/X 轴(X)/Y 轴(Y)/Z 轴(Z)]〈对象〉：y↵
指定旋转角度或 [起始角度(ST)]〈360.0000〉：↵
```

图 14－16 立体的螺纹牙形

15. 旋转

将螺纹旋转一个角度(注意:用此方法制作的不是螺旋线,仅是一种类似的效果),如图 14－17 所示。

操作:修改→旋转 ↻。

命令：_rotate

选择对象：

找到 1 个

选择对象：↵

指定基点：0,0,0↵

指定旋转角度或［复制(C)/参照(R)］〈0〉：3↵

图 14 - 17　倾斜的螺纹

16. 移动

将立体三角螺纹向外、向上移动一点，如图 14 - 18 所示。

操作：修改→移动 ✛ 。

命令：_move

选择对象：

找到 1 个

选择对象：↵

指定基点或［位移(D)］〈位移〉：0,0,0↵

指定第二点的位移或者〈使用第一点当作位移〉：@1,0,0↵

命令：_move

选择对象：

找到 1 个

选择对象：↵

指定基点或［位移(D)］〈位移〉：0,0,0↵

指定第二点的位移或者〈使用第一点当作位移〉：@0,1,0↵

图 14 - 18　移动后的倾斜螺纹

259

17. 阵列

按矩形阵列,给定行数为 10、列数为 1、行间距为 2.1 复制多个齿形,如图 14-19 所示。

操作:修改→阵列→矩形阵列 ⊞ 。

命令:_arrayrect

选择对象:

找到 1 个

选择对象:↵

类型 = 矩形　关联 = 是

选择夹点以编辑阵列或 [关联(AS)/基点(B)/计数(COU)/间距(S)/列数(COL)/行数(R)/层数(L)/退出(X)] 〈退出〉:col ↵

输入列数 〈4〉:1 ↵

指定列间距或 [总计(T)] 〈59.215265〉:↵

选择夹点以编辑阵列或 [关联(AS)/基点(B)/计数(COU)/间距(S)/列数(COL)/行数(R)/层数(L)/退出(X)] 〈退出〉:r ↵

输入行数 〈3〉:10 ↵

指定行间距或 [总计(T)] 〈6.837916〉:2.1 ↵

指定行之间的标高增量 〈0.000000〉:↵

选择夹点以编辑阵列或 [关联(AS)/基点(B)/计数(COU)/间距(S)/列数(COL)/行数(R)/层数(L)/退出(X)] 〈退出〉:↵

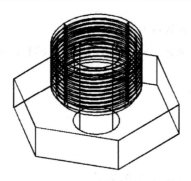

图 14-19　阵列立体的螺纹

18. 缩放

显示全图。

操作:视图→缩放→全部 ⊞ 。

命令:'_zoom

指定窗口的角点,输入比例因子 (nX 或 nXP),或者 [全部(A)/中心(C)/动态(D)/范围(E)/上一个(P)/比例(S)/窗口(W)/对象(O)] 〈实时〉:_all

19. 求差

减去螺纹,完成后的效果如图 14 - 20 所示。

操作:修改→实体编辑→差集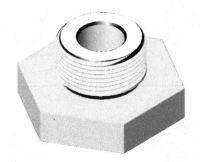

```
命令:_subtract
选择要从中减去的实体,曲面和面域…
找到 1 个(选主体)
选择要从中减去的实体,曲面和面域:↵
选择要减去的实体,曲面和面域…
找到 10 个(窗选的螺纹)
选择要减去的实体,曲面和面域:↵
```

图 14 - 20　压紧螺母

20. 图纸空间

模型空间是创建工程模型的空间,它为用户提供了一个广阔的绘图区域。用户在模型空间中需要考虑的只是单个的图形是否绘出或正确与否,而不用担心绘图空间是否足够大。包含模型特定视图和注释的最终布局则位于图纸空间。也就是说图纸空间侧重图纸创建最终的打印布局,而不同于绘图或者设计工作,只要将模型空间的图形按照不同的比例搭配,再加以文字注释,最终构成一个完整的图形即可。在这个空间里,用户几乎不需要再对任何图形进行修改编辑,要考虑的只是图形在整张图纸中如何布局。因此建议用户在绘图的时候,应先在模型空间进行绘制和编辑,在上述工作完成之后再进入图纸空间进行布局调整,直到最终出图。

```
切换到"布局 1"。
命令:〈切换到:布局 1〉
```

21. 图层

设一新层为当前层,以便使所开多窗口的边线在不要时关闭或冻结。

操作:格式→图层 。

```
命令:_layer
```

22. 视口变换

在视口变换中,设置四个视窗及其大小,如图 14-21 所示。

操作:视图→视口→四个视口 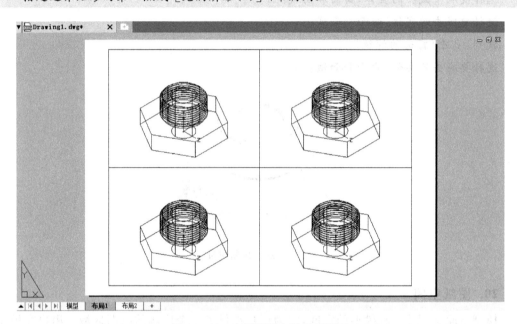。

命令: _-vports

指定视口的角点或 [打开(ON)/关闭(OFF)/布满(F)/锁定(L)/对象(E)/多边形(P)/图层(LA)/2/3/4]〈布满〉:_4

指定边界矩形的第一点或 [充满屏幕(F)]〈布满〉:↵

图 14-21 布局图纸空间(四视窗)

23. 模型(兼容)空间

只有在模型(兼容)空间,才能对每个窗口进行操作。

命令: _.MSPACE

注意:在调整每个视图之前必须先点击该视窗,将其激活。

24. 3D 视点

重复该命令,按照机械制图的规定,给四个窗口设置不同的视点,如图 14-22 所示。

操作:视图→三维视图。

(1)将左上视窗的视点变为前(主)视图。

操作:视图→三维视图→主视 。

命令: _-view

输入选项 [? /图层状态(LA)/正交图形(O)/删除(D)/还原(R)/保存(S)/用户坐标系(U)/窗口(W)]:_front

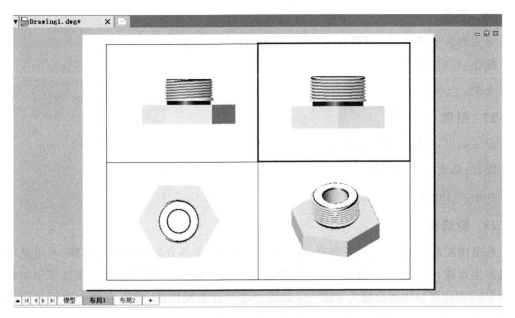

图 14 - 22 不同视点的布局模型空间(四视窗)

(2)将左下视窗的视点变为顶(俯)视图。

操作:视图→三维视图→俯视 □。

命令：_-view
输入选项［? /图层状态(LA)/正交图形(O)/删除(D)/还原(R)/保存(S)/用户坐标系
(U)/窗口(W)］:_top

(3)将右上视窗的视点变为左视图。

操作:视图→三维视图→左视 □。

命令：_-view
输入选项［? /图层状态(LA)/正交图形(O)/删除(D)/还原(R)/保存(S)/用户坐标系
(U)/窗口(W)］:_left

(4)右下视窗保留原西南视点。

25. 缩放

重复缩放命令,将各视图按比例缩放,以便使各个视图大小一致。

操作:视图→缩放→比例 □。

命令：'_zoom
指定窗口的角点,输入比例因子 (nX 或 nXP),或者［全部(A)/中心(C)/动态(D)/范围
(E)/上一个(P)/比例(S)/窗口(W)/对象(O)]〈实时〉:_s
输入比例因子 (nX 或 nXP):3 ↵(按比例放大 3 倍)

263

26．平移

分别将各视图移到合适位置,保证长对齐、高平齐、宽相等。

操作:视图→平移。

命令:`_pan`

27．图层

设一新层,线型设为消隐线。

操作:格式→图层 🖶。

命令:`_layer`

28．轮廓线

重复图层命令,分别激活各视窗,选取实体,自动产生各方向的平面轮廓线,不可见的轮廓线产生虚线,所产生的平面线与立体轮廓线重合在一起,在图层管理器中实线图层句柄前缀为 PV,虚线图层句柄前缀为 PH。轮廓线会显示在各视窗中,将不需要的图层进行冻结实现出图,如图 14 - 23 所示。注意要在线框状态下进行。

操作:绘图→实体→轮廓 🖵。

```
命令:_solprof
选择对象:
找到 1 个
选择对象:↵
是否在单独的图层中显示隐藏的轮廓线? [是(Y)/否(N)]〈是〉:↵
是否将轮廓线投影到平面? [是(Y)/否(N)]〈是〉:↵
```

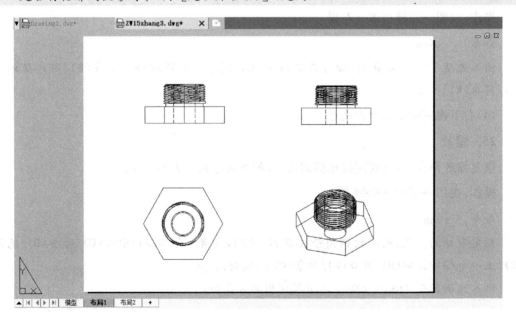

图 14 - 23　投影四视图

29. 图层

将立体图所在层关闭(可以将窗口边线层也关闭),改变虚线所在层颜色。

操作:格式→图层 📑 。

命令:_layer

30. 图纸空间

在图纸空间中,可以再进行二维绘制,例如增加中心线、标注尺寸、绘制图框等。

命令:_.PSPACE

31. 出图

操作:文件→打印 🖶 。

只有在图纸空间才能将多窗口的多个视图同时绘制在一幅图纸上。

命令:_plot

32. 保存

操作:文件→保存 💾 。

命令:_qsave

习　题

1. 绘制如图 14-24 所示机械零件。

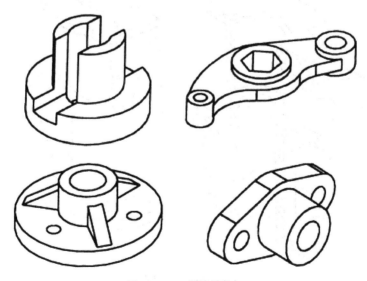

图 14-24　机械零件一

2. 绘制如图 14 - 25 所示机械零件。

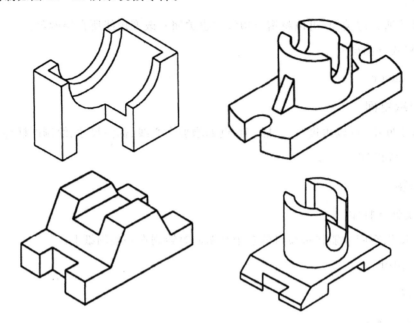

图 14 - 25　机械零件二

3. 绘制如图 14 - 26 所示机械零件。

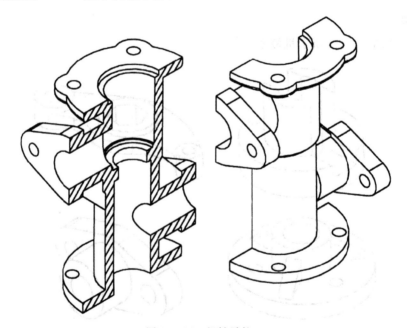

图 14 - 26　机械零件三

第 15 章

绘制家具

本章综合应用 3D 命令绘制常见的写字台等家具。

15.1 写字台

1. 3D 视点

设置西南视点，观看三维效果。

操作：视图→三维视图→西南等轴测 ◈ 。

命令：_-view
输入选项 [? /图层状态(LA)/正交图形(O)/删除(D)/还原(R)/保存(S)/用户坐标系
(U)/窗口(W)]：_swiso

2. 立方体

绘制立方体，构成写字台腿的一部分，如图 15 - 1 所示。

操作：绘图→实体→长方体 ▣ 。

命令：_box
指定长方体的第一个角点或 [中心(C)]：0,0,0 ↵
指定另一个角点或 [立方体(C)/长度(L)]：@50,80 ↵
指定高度或 [两点(2P)]：20 ↵

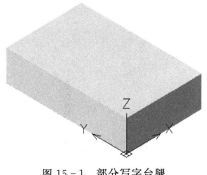

图 15 - 1　部分写字台腿

3. 缩放

将写字台的腿用窗口放大。

操作:视图→缩放→窗口 ⬚。

命令:'_zoom
指定窗口的角点,输入比例因子 (nX 或 nXP),或者[全部(A)/中心(C)/动态(D)/范围(E)/上一个(P)/比例(S)/窗口(W)/对象(O)]〈实时〉:_w
指定第一个角点:
指定对角点:

4. 抽壳

从写字台的腿中抽出抽屉孔,如图 15-2 所示。

操作:修改→实体编辑→抽壳 ▣。

命令:_solidedit
输入实体编辑选项[面(F)/边(E)/体(B)/放弃(U)/退出(X)]〈退出〉:_body
输入体编辑选项[压印(I)/分割实体(P)/抽壳(S)/清除(L)/检查(C)/放弃(U)/退出(X)]〈退出〉:_shell
选择三维实体:(选长方体的上前棱)
删除面或[放弃(U)/添加(A)/全部(ALL)]:找到 2 个面,已删除 2 个。
删除面或[放弃(U)/添加(A)/全部(ALL)]:↵
输入外偏移距离:2↵
输入体编辑选项[压印(I)/分割实体(P)/抽壳(S)/清除(L)/检查(C)/放弃(U)/退出(X)]〈退出〉:↵
输入实体编辑选项[面(F)/边(E)/体(B)/放弃(U)/退出(X)]〈退出〉:↵

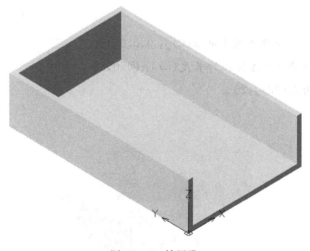

图 15-2　抽屉孔

5. 图层

设一新层及其颜色,用以绘制抽屉。

操作:格式→图层 。

```
命令:_layer
```

6. 长方体

绘制立方体,构成抽屉外形。

操作:绘图→实体→长方体 。

```
命令:_box
指定长方体的第一个角点或 [中心(C)]:2,-1,2 ↵
指定另一个角点或 [立方体(C)/长度(L)]:@46,78 ↵
指定高度或 [两点(2P)]:18 ↵
```

7. 抽壳

构成抽屉内孔,如图 15-3 所示。

操作:修改→实体编辑→抽壳 。

```
命令:_solidedit
输入实体编辑选项 [面(F)/边(E)/体(B)/放弃(U)/退出(X)]〈退出〉:_body
输入体编辑选项 [压印(I)/分割实体(P)/抽壳(S)/清除(L)/检查(C)/放弃(U)/退出
(X)]〈退出〉:_shell
选择三维实体:
删除面或 [放弃(U)/添加(A)/全部(ALL)]:找到 1 个面,已删除 1 个。
删除面或 [放弃(U)/添加(A)/全部(ALL)]:↵
输入外偏移距离:2 ↵
输入体编辑选项 [压印(I)/分割实体(P)/抽壳(S)/清除(L)/检查(C)/放弃(U)/退出
(X)]〈退出〉:↵
输入实体编辑选项 [面(F)/边(E)/体(B)/放弃(U)/退出(X)]〈退出〉:↵
```

图 15-3　抽屉内孔

8. 颜色

选一种新颜色,用以绘制抽屉把手。

操作:格式→颜色 。

命令:`_color`

9. 多段线

绘制回转体的轮廓线,以便构成回转体抽屉把手,如图 15-4 所示。

操作:绘图→多段线 。

命令: `_pline`
指定多段线的起点:
当前线宽是 0.0000
指定下一点或 [圆弧(A)/半宽(H)/长度(L)/撤消(U)/宽度(W)]:0,-3↲
指定下一点或 [圆弧(A)/闭合(C)/半宽(H)/长度(L)/撤消(U)/宽度(W)]:@3,0↲
指定下一点或 [圆弧(A)/闭合(C)/半宽(H)/长度(L)/撤消(U)/宽度(W)]:a↲
指定圆弧的端点(按住 Ctrl 键以切换方向)或 [角度(A)/圆心(CE)/闭合(CL)/方向(D)/半宽(H)/直线(L)/半径(R)/第二个点(S)/宽度(W)/撤消(U)]:(画圆弧)
指定圆弧的端点(按住 Ctrl 键以切换方向)或 [角度(A)/圆心(CE)/闭合(CL)/方向(D)/半宽(H)/直线(L)/半径(R)/第二个点(S)/宽度(W)/撤消(U)]:(自定端点)
指定圆弧的端点(按住 Ctrl 键以切换方向)或 [角度(A)/圆心(CE)/闭合(CL)/方向(D)/半宽(H)/直线(L)/半径(R)/第二个点(S)/宽度(W)/撤消(U)]:
指定圆弧的端点(按住 Ctrl 键以切换方向)或 [角度(A)/圆心(CE)/闭合(CL)/方向(D)/半宽(H)/直线(L)/半径(R)/第二个点(S)/宽度(W)/撤消(U)]:l↲
指定下一点或 [圆弧(A)/闭合(C)/半宽(H)/长度(L)/撤消(U)/宽度(W)]:@0,1.4↲
指定下一点或 [圆弧(A)/闭合(C)/半宽(H)/长度(L)/撤消(U)/宽度(W)]:c↲

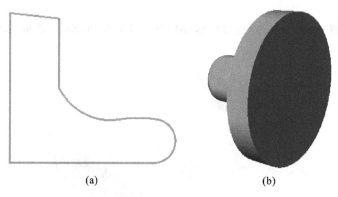

(a)　　　　　　　　　　　(b)

图 15-4　抽屉把手

10. 旋转体

用回转体构成一个抽屉把手,如图 15－4(b)所示。

操作:绘图→实体→旋转 ⬚。

```
命令:_revolve
当前线框密度: ISOLINES＝4,闭合轮廓创建模式＝实体
选择对象或[模式(MO)]:
找到 1 个
选择对象或[模式(MO)]:↵
指定旋转轴的起始点或通过选项定义轴[对象(O)/X轴(X)/Y轴(Y)/Z轴(Z)]〈对象〉:
指定轴的端点:
指定旋转角度或[起始角度(ST)]〈360.0000〉:↵
```

11. 3D 视图

将窗口设为主视图。

操作:视图→三维视图→主视 ⬚。

```
命令:_－view
输入选项[? /图层状态(LA)/正交图形(O)/删除(D)/还原(R)/保存(S)/用户坐标系
(U)/窗口(W)]:_front
```

12. 移动

将抽屉把手向上移动到对称位置。

操作:修改→移动 ✛。

```
命令:_move
找到 1 个
指定基点或[位移(D)]〈位移〉:
指定第二点的位移或者〈使用第一点当作位移〉:0,10 ↵
```

13. 3D 视点

设置西南视点,观看三维效果。

操作:视图→三维视图→西南等轴测 ◈。

```
命令:_－view
输入选项[? /图层状态(LA)/正交图形(O)/删除(D)/还原(R)/保存(S)/用户坐标系
(U)/窗口(W)]:_swiso
```

14. 求和

将把手与抽屉合成一体,如图 15－5 所示。

操作:修改→实体编辑→并集 ⬚。

命令：_union

选择对象求和：

找到 1 个(选把手)

选择对象求和：

找到 1 个,总计 2 个(选抽屉)

选择对象求和：↵

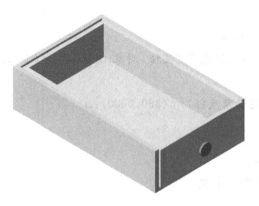

图 15-5 有把手的抽屉

15. 三维阵列

将所有物体阵列操作,如图 15-6 所示。

操作:修改→三维操作→三维阵列 器。

命令：_3darray

选择对象：

找到 1 个

选择对象：

找到 1 个,总计 2 个

选择对象：↵

输入阵列类型［矩形(R)/环形(P)]〈矩形(R)〉:↵

输入行数（———）〈1〉:↵

输入列数（|||）〈1〉:3 ↵

输入层数（...）〈1〉:4 ↵

指定列间距（|||）:50 ↵

指定层间距（...）:20 ↵

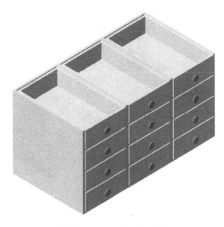

图 15-6　12 个抽屉

16. 3D 视点

将窗口设为主视图。

操作:视图→三维视图→主视 ▢ 。

```
命令: _-view
输入选项[?/图层状态(LA)/正交图形(O)/删除(D)/还原(R)/保存(S)/用户坐标系
(U)/窗口(W)]: _front
```

17. 删除

将中间的下面三组抽屉删除,如图 15-7 所示。

操作:修改→删除 ✐ 。

```
命令: _erase
选择对象:
找到 1 个
选择对象:
找到 1 个,总计 2 个
选择对象:
找到 1 个,总计 3 个
选择对象:
找到 1 个,总计 4 个
选择对象:
找到 1 个,总计 5 个
选择对象:
找到 1 个,总计 6 个
选择对象:↵
```

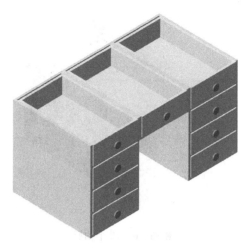

图 15 - 7　9 个抽屉

18. 3D 视点

将窗口设为俯视图。

操作:视图→三维视图→俯视□。

命令:_-view
输入选项［? /图层状态(LA)/正交图形(O)/删除(D)/还原(R)/保存(S)/用户坐标系
(U)/窗口(W)］:_top

19. 图层

回到前一层,换层到 0 层。

操作:格式→图层❑。

20. 直线

画一条竖线。

操作:绘图→直线╲。

命令:_line
指定第一个点:
指定下一点或［角度(A)/长度(L)/放弃(U)］:
指定下一点或［角度(A)/长度(L)/放弃(U)］: * 取消 *

21. 镜像

捕捉中间抽屉的前后两个中点作为对称轴,将直线对称复制一条。

操作:修改→镜像▲。

命令:_mirror

选择对象:

找到 1 个

选择对象:

指定镜像线的第一点:

指定镜像线的第二点:

是否删除源对象?[是(Y)/否(N)]〈否〉:↵

22. 圆弧

用三点绘制两条圆弧,如图 15-8(a)所示。

操作:绘图→圆弧→三点⟋。

命令:_arc

指定圆弧的起点或 [圆心(C)]:

指定圆弧的第二个点或 [圆心(C)/端点(E)]:e↵

指定圆弧的端点:

指定圆弧的圆心或 [角度(A)/方向(D)/半径(R)]:d↵

指定圆弧的起点切向:

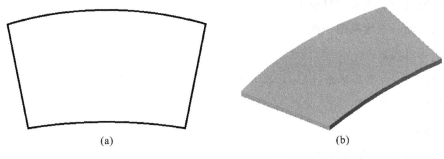

(a)　　　　　　　　　　　　　　　(b)

图 15-8　绘制台面

23. 面域

用鼠标选取四条边界来构成面域,以便用面域构成拉伸台面。

操作:绘图→面域 ▣。

命令:_region

选择对象:

找到 1 个

选择对象:

找到 1 个,总计 2 个

选择对象:

找到 1 个,总计 3 个

选择对象:

找到 1 个,总计 4 个

选择对象:↵

提取了 1 个环。

创建了 1 个面域。

24. 拉伸

拉伸一个立体,构成写字台的面,如图 15‐8(b)所示。

操作:绘图→实体→拉伸 🔟 。

命令:_extrude

当前线框密度: ISOLINES＝4,闭合轮廓创建模式＝实体

选择对象或 [模式(MO)]:

找到 1 个

选择对象或 [模式(MO)]:↵

指定拉伸高度或 [方向(D)/路径(P)/倾斜角(T)]:5 ↵

25. 3D 视点

设置西南视点,观看三维效果。

操作:视图→三维视图→西南等轴测 🔷 。

命令:_‐view

输入选项 [? /图层状态(LA)/正交图形(O)/删除(D)/还原(R)/保存(S)/用户坐标系(U)/窗口(W)]: _swiso

26. 移动

将写字台面向上移动到对称位置。

操作:修改→移动 ✛ 。

命令:_move

选择对象:

找到 1 个

选择对象:↵

指定基点或 [位移(D)]〈位移〉:

指定第二点的位移或者〈使用第一点当作位移〉:@0,0,80 ↵

27. 圆角

重复命令,给写字台面圆角,如图 15‐9 所示。

操作:修改→圆角 ◻ 。

命令: _fillet

当前设置: 模式 = TRIM, 半径 = 2.0000

选取第一个对象或 [多段线 (P)/半径 (R)/修剪 (T)/多个 (M)/放弃 (U)]:

圆角半径⟨2.0000⟩: 2↵

选择边或 [链 (C)/半径 (R)]:

选择边或 [链 (C)/半径 (R)]:

选择边或 [链 (C)/半径 (R)]:

图 15-9 圆角台面

28. 缩放

将视图放至全图, 观看所有物体。

操作: 视图→缩放→全部 ⊡ 。

命令: ´_zoom

指定窗口的角点, 输入比例因子 (nX 或 nXP), 或者

[全部 (A)/中心 (C)/动态 (D)/范围 (E)/上一个 (P)/比例 (S)/窗口 (W)/对象 (O)]⟨实时⟩:
_all

29. 图层

将抽屉所在层关闭。

操作: 格式→图层 ⊟ 。

命令: _layer

30. 求和

将写字台面与腿全部合成一体。

操作: 修改→实体编辑→并集 ⊡ 。

命令: _union

选择对象求和:

找到 1 个

选择对象求和:

找到 1 个,总计 2 个

选择对象求和:

找到 1 个,总计 3 个

选择对象求和:

找到 1 个,总计 4 个

选择对象求和:

找到 1 个,总计 5 个

选择对象求和:

找到 1 个,总计 6 个

选择对象求和:

找到 1 个,总计 7 个

选择对象求和:

找到 1 个,总计 8 个

选择对象求和:

找到 1 个,总计 9 个

选择对象求和:

找到 1 个,总计 10 个

选择对象求和:↵

31. 图层

将抽屉所在层打开。

操作:格式→图层 🖨 。

命令: _layer

32. 移动

重复命令,将抽屉打开两个,如图 15 - 10 所示。

操作:修改→移动 ✛ 。

命令: _move

选择对象:

找到 1 个

选择对象:↵

指定基点或 [位移(D)] 〈位移〉:

指定第二点的位移或者〈使用第一点当作位移〉:@0,-15,0↵

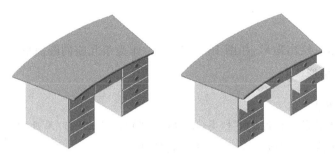

图 15 - 10　写字台

33. 保存

操作：文件→保存 🖫 。

命令：_qsave

15.2　茶几

打开新图绘制茶几。

1. 样条曲线

用鼠标绘制如图 15 - 11 所示的几条样条曲线。

(1)绘制一条封闭的样条曲线，作为茶几面的轮廓形状，如图 15 - 11(a)所示。注意不能有交叉点，以便将其拉伸成立体。

(2)绘制一条样条曲线，作为茶几腿的拉伸路径线，如图 15 - 11(b)所示。

(3)绘制三条封闭的样条曲线，作为茶几腿的俯视轮廓形状，如图 15 - 11(c)所示。注意不能有交叉点。

操作：绘图→样条曲线 ⌒ 。

```
命令：_spline
指定第一个点或 [对象(O)]：(任选一点)
指定下一点：(任选一点)
指定下一点或 [闭合(C)/拟合公差(F)/放弃(U)]〈起点切向〉：(任选一点)
指定下一点或 [闭合(C)/拟合公差(F)/放弃(U)]〈起点切向〉：(任选一点)
……
指定下一点或 [闭合(C)/拟合公差(F)/放弃(U)]〈起点切向〉：c↵
指定切向：↵
```

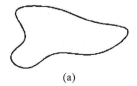

(a)

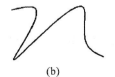

(b)

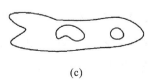

(c)

图 15 - 11　茶几的平面曲线

2. 矩形

指定两个对角点绘出矩形,如图 15 - 12 所示,作为茶几腿的断面形状。

操作:绘图→矩形□。

命令:_rectang
指定第一个角点或 [倒角(C)/标高(E)/圆角(F)/正方形(S)/厚度(T)/宽度(W)]:
指定其他的角点或 [面积(A)/尺寸(D)/旋转(R)]:

图 15 - 12　茶几断面形状

3. 三维旋转

用三维旋转将矩形绕 Y 轴旋转 90°,使其与茶几腿的拉伸路径垂直。重复命令,将拉伸路径线与矩形一起绕 X 轴旋转 90°,以便茶几腿垂直于水平面。

操作:修改→三维操作→三维旋转□。

命令:_rotate3d
当前正向角度: ANGDIR=逆时针　ANGBASE=0
选择对象:
找到 1 个(选取矩形)
选择对象:↵
指定旋转轴的起始点或通过选项定义轴 [对象(O)/上一次(L)/视图(V)/X 轴(X)/Y 轴(Y)/Z 轴(Z)/两点(2)]:(在屏幕上任选一点)
指定轴的终止点:(在图中选取旋转轴)
指定旋转角度或参考角度(R):90 ↵

4. 3D 视点

设置西南视点,观看三维效果。

操作:视图→三维视图→西南等轴测◈。

命令:_-view
输入选项 [? /图层状态(LA)/正交图形(O)/删除(D)/还原(R)/保存(S)/用户坐标系(U)/窗口(W)]:_swiso

5. 设置颜色

在制作三维立体时,要边做边更换颜色(不要将颜色设为随层),这样绘制的立体求和或求差后为不同颜色。如果让颜色随层而变,则立体求和或求差后各部分的颜色变为一样。

操作:格式→颜色◉。

命令：'_color

6. 拉伸体

(1)拉伸茶几面的轮廓,高度为10,绘制成茶几面立体,如图 15-13 所示。

(2)分别拉伸茶几腿的三条曲线,绘制成茶几腿部分立体,如图 15-14 所示。

(3)沿茶几腿的拉伸路径线拉伸矩形断面,绘制成茶几腿部分立体,如图 15-15 所示。

操作:绘图→实体→拉伸 🔳 。

```
命令：_extrude
当前线框密度： ISOLINES＝4,闭合轮廓创建模式＝实体
选择对象或［模式(MO)］:
找到 1 个
选择对象或［模式(MO)］:↵
指定拉伸高度或［方向(D)/路径(P)/倾斜角(T)］:(自定)
```

```
命令：_extrude
当前线框密度： ISOLINES＝4,闭合轮廓创建模式＝实体
选择对象或［模式(MO)］:
找到 1 个
选择对象或［模式(MO)］:↵
指定拉伸高度或［方向(D)/路径(P)/倾斜角(T)］:p↵
选择拉伸路径:(选路径线)
```

图 15-13　茶几面立体

图 15-14　茶几腿部分立体 1

图 15 - 15　茶几腿部分立体 2

7．求差

从茶几腿上减去两孔，如图 15 - 16 所示。

操作：修改→实体编辑→差集 ▢。

```
命令：_subtract
选择要从中减去的实体，曲面和面域…
找到 1 个(选主体)
选择要减去的实体，曲面和面域：↵
选择要减去的实体，曲面和面域：
找到 1 个，总计 2 个(选两孔)
选择要减去的实体，曲面和面域：↵
```

图 15 - 16　茶几腿挖孔

8．移动

重复命令，从俯视及前视两个方向观察，将两部分茶几腿移动重合在一起，以便求交，如图 15 - 17 所示。

操作：修改→移动 ✛ 。

命令：_move

选择对象：

找到 1 个

选择对象：↵

指定基点或［位移(D)］〈位移〉：

指定第二点的位移或者〈使用第一点当作位移〉：

图 15 - 17　茶几腿的对位

9. 交集

将两部分茶几腿求交,得到最终的茶几腿,如图 15 - 18 所示。

修改→实体编辑→交集 。

命令：_intersect

选取要相交的对象：

找到 1 个

选取要相交的对象：

找到 1 个,总计 2 个

选取要相交的对象：↵

图 15 - 18　茶几腿求交

10. 复制

将茶几面再复制一个。

操作:修改→复制 ⌐⚏。

命令:_copy
选择对象:
找到 1 个
选择对象:↵
指定基点或 [位移(D)/模式(O)] 〈位移〉:
指定第二点的位移或者 [阵列(A)] 〈使用第一点当作位移〉:
指定第二个点或 [阵列(A)/退出(E)/放弃(U)] 〈退出〉: *取消*

11. 缩放

将一个茶几面缩小。

操作:修改→缩放 ⌐⚏。

命令:_scale
选择对象:
找到 1 个
选择对象:↵
指定基点:
指定缩放比例或 [复制(C)/参照(R)] 〈0.7〉:↵(自定)

12. 移动

重复命令,从俯视及前视两个方向观察,将茶几腿、茶几面及缩小的茶几面移动并重合在一起,如图 15－19 所示。

操作:修改→移动 ✛。

命令:_move
选择对象:
找到 1 个
选择对象:↵
指定基点或 [位移(D)] 〈位移〉:
指定第二点的位移或者 〈使用第一点当作位移〉:

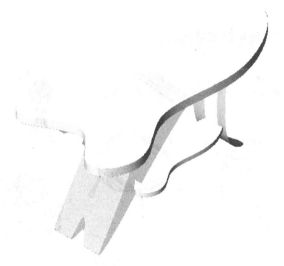

图 15-19　茶几

13．求和

将上下面两部分以及中间茶几腿部分合并成一体。

操作：修改→实体编辑→并集 ▣ 。

```
命令：_union
选择对象求和：
找到 1 个
选择对象求和：
找到 1 个,总计 2 个
选择对象求和：
找到 1 个,总计 3 个
选择对象求和：↵
```

14．三维动态观察器

用三维动态观察器旋转查看模型中的任意视图方向。

```
命令：'_3dorbit
```

15．保存

操作：文件→保存 ▣ 。

```
命令：_qsave
```

习　题

1. 绘制如图 15 - 20 所示的家庭用品。

图 15 - 20　家庭用品

2. 绘制如图 15 - 21 所示的家具。

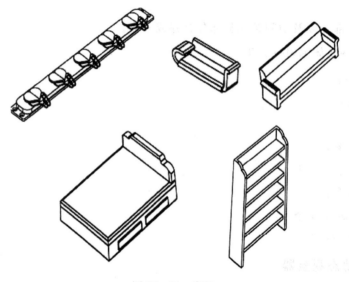

图 15 - 21　家具